KB188680

안 사면 후회하는

간식·음료·식재료
조미료·주방 잡화 125

대만 현지 쇼핑 대백과

海參
魚翅
花膠
12支入
保証品質色香味
馬記蔴油名不虛

들어가며

미식의 나라 대만. 루러우판, 뉴러우멘(우육면) 등 겉모습은 수수하지만 먹으면 속까지 든든해지는 현지 음식들은 전 세계 관광객들을 매료시키고 있다. 음식뿐만 아니라 여행 선물로 가져갈 수 있는 과자나 식재료도 마찬가지다. 누군가에게 알려주고 싶을 정도로 감동과 놀라움을 주는 음식들이 많다.
대만의 음식에 매료되어 대만에서 생활한 지 5년. 지금까지 작은 선물이나 계절 행사 기념품으로 과자나 식재료를 받을 기회가 많았다. 물론 직접 사서 먹는 경우도 많고, 맛있었던 것은 잠시 귀국할 때 기념으로 가져가기도 한다.
가족, 친구, 동료들과 함께 나누고 싶은 맛있는 제품들을 이 책에 모았다. 가게가 더 붐빌까봐 알려주고 싶지 않은 상품도 있었지만, 그것들도 과감히 소개했다. 음식뿐만 아니라 식탁이나 주방에서 사용할 수 있는 주방 잡화 등도 소개했으니, 요리를 더욱 맛있게 만드는 소품으로 꼭 활용해보길 바란다. 마지막 장에는 구입한 제품(특히 조미료와 식재료)을 다 쓸 수 있도록 이를 재료로 한 대만 요리 레시피도 수록했다.
대만의 맛있는 선물들을 아낌없이 맛보셨으면 하는 바람이다.

대만 요리연구가
오가와 지에코

제1장 대만의 중화과자

제2장 대만식 양과자

제3장 조미료, 향신료, 분말류

제4장 대만 식재료, 건식품

제5장 마트에서 파는 상품

제6장 편의점에서 파는 상품

제7장 대만의 음료들

제8장 대만이 느껴지는 식탁

제9장 편리한 주방 잡화

제10장 대만에서 사온 재료로 만드는 요리

일러두기

* 상품명, 상호명, 지명 등의 표기는 국립국어원의 표기법에 따르되 한국에서 널리 알려진 용어의 경우 그 용어를 사용하거나 괄호 등을 사용해 설명을 더하였습니다.
* 여행객 기준으로 국내에 반입할 수 없거나 반입 시 신고해야 하는 상품은 본문에 최대한 표기하였으나 검역 기준을 꼭 확인하시어 반입하시는 것을 권장드립니다. 자세한 사항은 각 공항 검역소에 문의하시길 바랍니다.

이 책의 사용법

※ 이 책의 원서는 2024년 7월 기준으로 작성됐으며 한국어판의 경우 2025년 3월 기준으로 수정했다.(환율은 2025년 3월 기준으로 1NT$[대만달러]=약 44원이다.)

상품명에는 병음과 성조를 표기하고 한자를 병기했다. 성조는 10쪽에서 자세히 알 수 있다.

상품명, 가격, 구입처 등 제품을 구매할 때 필요한 정보를 기입했다.

말랑말랑하게 굳힌 땅콩 과자

화성탕
花生糖

상품명 위안웨이화성탕原味花生糖, 싼싱충화성탕三星蔥花生糖

가격 위안웨이화성탕 240g±20g, 싼싱충화성탕 200g±20g 각 120NT$

구입처 진사오예화성탕金少爺花生糖 타이베이 분점台北分店

台北市羅斯福路五段269巷26號

10:00~20:00(일요일 휴무) 채식 상품

화성탕(화성은 땅콩이라는 뜻)은 맥아당, 설탕 또는 물엿으로 땅콩을 굳힌 이란宜蘭의 명물 과자다. 대부분 화성탕은 바삭바삭한 식감이 특징이지만, 진사오예의 화성탕은 이와는 다른 맛이다. 물엿 부분이 부드럽고 촉촉하며 풍부하다. 치아에 달라붙을 것 같지만 전혀 그렇지 않다. 놀랄 만큼 쫀득쫀득한 탄력은 계절과 기온에 따라 가열 온도와 시간을 조절할 수 있을 만큼 숙련된 기술 덕분이다. 게다가 적당한 단맛이 땅콩의 향을 더욱 두드러지게 한다. 첫 한입을 먹자마자 입안에 충격을 주는 것이 바로 진사오예의 화성탕이다.

구체적인 장소가 있는 경우, 구글맵으로 바로 연결되는 QR코드를 삽입했다.

냉장, 냉동을 해야 하는 상품에는 냉장 냉동 마크를, 채식 상품인 경우 채식 상품 마크를 붙였다.

레시피 →174쪽 해당 식재료가 사용되는 레시피가 수록된 페이지를 기입했다.

이 책에 수록된 레시피에 대해

- 재료는 2인분을 기준으로 하고 있다. 만들기 쉬운 분량이 있는 경우에는 그렇게 명시되어 있다.
- 1큰술은 15mg, 1작은술은 5mg, 1컵은 200ml이다.
- 한 자밤은 검지, 엄지, 중지의 세 손가락으로 집은 양이다.
- '약간'은 검지와 엄지손가락으로 집은 양이다.

한국에 올 때 주의해야 하는 것

이 책에 나온 제품들은 모두 매력적이기 때문에 이것저것 사가고 싶겠지만,
주의해야 하는 제품들이 있다. 공항에서 당황할 일이 발생하지 않도록 미리 확인해보자.

※ 이 표는 2025년 3월 기준으로 작성되었으며 일반 여행자에 해당되는 규정이다.

	반입 기준
육류	육류 (쇠고기, 돼지고기, 양고기, 닭고기 등), 육가공품 (햄, 소시지, 육포, 장조림, 통조림 등), 동물의 생산물 (녹용, 뼈, 혈분 등), 유가공품 (우유, 치즈, 버터 등)는 신고 대상 휴대 축산물이다.
채소·과일	모든 식물류(살아 있는 식물, 과일, 채소, 농산물, 임산물, 화훼류, 목재류, 한약재 등)는 신고 대상이다. 수입금지식물은 국내 반입이 불가능하다. 예를 들어 건조 식물류, 한방재, 껍질을 벗기거나 볶은 땅콩 등은 수입 가능한 식물이지만 가공하지 않은 땅콩, 생과실, 열매채소 등은 수입금지식물에 해당한다. 수입금지식물이 아니더라도 검역 시 흙이나 병해충 등이 부착된 경우에는 반입이 불가능하다.
수산물	살아 있는 수산생물(어류, 패류, 갑각류, 양서류 등), 냉장·냉동 전복류, 굴 및 새우류는 검역 신고 대상이다. 책에 나오는 건조 해산물은 반입이 가능한 제품이다.
달걀	알가공품(알, 난백, 난분 등)은 신고 대상 휴대 축산물이다. 단 38쪽 제품처럼 계란이 사용되고 완전히 가열 처리된 가공식품은 반입이 가능하지만 생계란, 차예단茶葉蛋 등은 반입이 불가능하다.

	면세 기준
주류	병 수는 두 병 이하, 용량은 합 2L 이하, 가격은 400$(약 13,180NT$) 이하일 때 입국 시 면세가 적용된다. 위 세 가지 조건 중 하나라도 충족하지 못하면 과세 대상이다. (2025년 3월 중순부터 병 수 기준이 변경될 수도 있다고 한다.)

출처: 인천공항 검역 안내 페이지 https://www.airport.kr/ap_ko/916/subview.do, 관세청 홈페이지

주요 공항 검역사무소 연락처

인천공항
- 휴대 동·축산물 수출검역 터미널1. 032-740-2660 터미널2. 032-740-2028
- 휴대 식물 수출검역 터미널1. 032-740-2077 터미널2. 032-740-2029
- 휴대 수산물 수입검역 터미널1. 032-740-2981 터미널2. 032-740-2975

김포공항 농림축산검역본부 사무소 02-2664-3844
김해공항 농림축산검역본부 사무소 051-971-4991
무안공항 농림축산검역본부 사무소 061-452-6796
제주공항 농림축산검역본부 사무소 064-746-2460

알아두면 편리한 중국어 성조

성조를 익히면 훨씬 더 쉽게 전달할 수 있다

많은 여행 가이드북에는 가게나 상품의 발음이 한글로 표기되어 있지만 그대로 읽으면 대만 사람들은 거의 알아듣지 못한다. 왜냐하면 중국어에는 모든 한자에 '성조聲調'가 있고, 많은 사람들이 이 성조에 의존하여 단어를 인식하기 때문이다. 성조는 중국어의 발음을 네 가지 소리(사성四聲)로 표현한 것이다.

성조(사성)를 이미지로 표현한다면

(어디까지나 소리의 높낮이만 생각한 것이다. 음계는 상관없다).

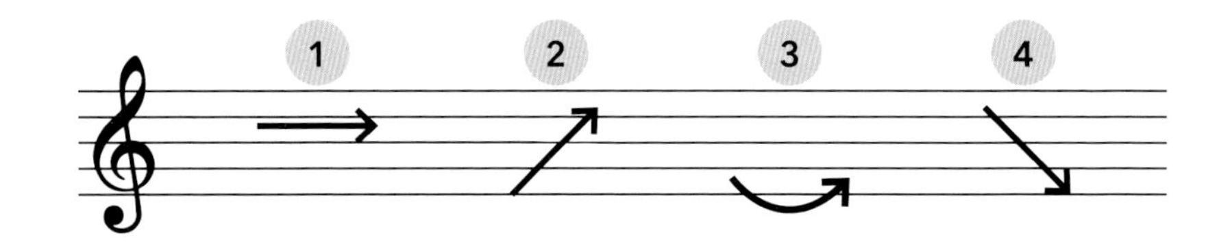

1 제1성, 높고 변화가 없는 소리.

성조 기호 = ˉ

2 제2성, 낮은 음에서 높은 음으로 올린다.

성조 기호 = ˊ

3 제3성, 가능한 한 낮은 소리. 개가 으르렁거리는 소리.

성조 기호 = ˇ

4 제4성, 높은 음에서 낮은 음으로 떨어뜨린다.

성조 기호 = ˋ

※간혹 성조 기호가 붙지 않는 경우가 있다. 이 경우 '경성輕聲'이라고 하는데, 이름 그대로 '가볍게' 발음하면 된다. 덤으로 붙이는 소리 같은 것이다.

예시

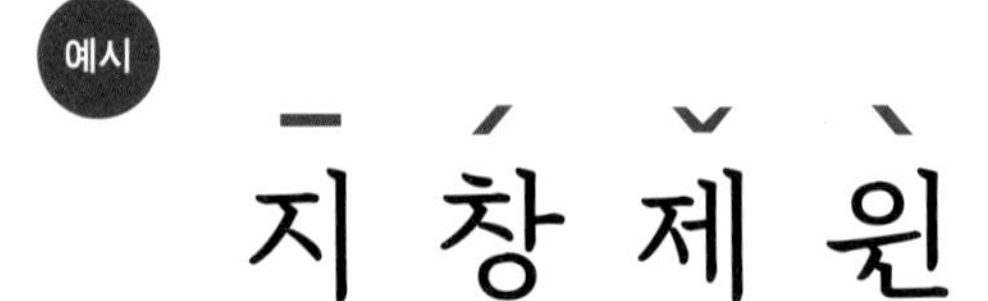

機場捷運 =공항철도

성조만 맞아도 의미가 전달될 확률이 훨씬 높아진다. 이 책에서는 상품명 위에 성조 기호를 붙여놓았으니 꼭 성조를 붙여서 발음해보길 바란다. 대만 사람들과 교류하는 데 첫걸음이 될 것이다.

제1장

대만의 중화과자

대만만의 맛으로 발전한 중화과자

진정한 펑리쑤의 맛은 여기서!

푸텐이팡펑리쑤
福田一方鳳梨酥

상품명 푸텐이팡펑리쑤福田一方鳳梨酥
가격 8개입 240NT$
구입처 푸텐이팡펑리쑤福田一方鳳梨酥
台北市大同區重慶北路二段71-1號
10:00~20:30

대만에 사는 사람들에게는 익숙한 간식거리인 파인애플 케이크, 펑리쑤(펑리수). 지금까지 여러 가게의 펑리쑤를 먹어볼 기회가 있었는데, 몇 번이고 계속 사다 먹는 것은 푸텐이팡 펑리쑤(한국에선 '복전일방펑리수'로 알려져 있다)다. 대만산 파인애플 100%로 만든 앙금과 아몬드 가루를 사용한 반죽의 밸런스가 기막히다. 기본 이외의 맛도 깊은 맛을 내는데, 초콜릿 맛은 바삭바삭한 카카오닙스, 크랜베리 맛은 부드러운 건크랜베리, 말차 맛은 유기명차(108쪽) 특제 말차를 사용했다. 엄선된 재료를 살린 완벽한 비율에 항상 감탄이 절로 나온다.

매장에서 갓 구운 펑리쑤는 낱개로 구입할 수 있다. 따뜻한 펑리쑤를 먹을 수 있는 가게는 흔치 않다.

홍차 향이 나는 귀여운 펑리쑤

홍위투펑리자신쑤
紅玉土鳳梨夾心酥

상품명	홍위투펑리자신쑤紅玉土鳳梨夾心酥
가격	10개입 480NT$
구입처	미스 브이 베이커리 카페Miss V Bakery Cafe

台北市大同區赤峰街49巷22號
11:00~19:00

아리산에서 나는 홍위紅玉홍차를 넣은 반죽에 대만산 파인애플 앙금을 넣은 홍위투펑리자신쑤이다. 식재료에 신경 쓰는 인기 카페 미스 브이 베이커리에서 만든 펑리쑤다. 귀여운 모양도 좋지만, 주목해야 할 것은 맛 그 자체이다. 발효 버터의 부드러운 향과 새콤달콤한 앙금이 잘 어울리고, 홍차 향이 은은하게 퍼져 마치 프랑스 과자를 먹는 듯하다. 간판 메뉴인 시나몬롤을 먹기 위해 이 카페를 찾는 친구들에게 소개했더니 다들 좋아해 대만에 거주하는 일본인들에게도 인기를 끌기 시작했다.

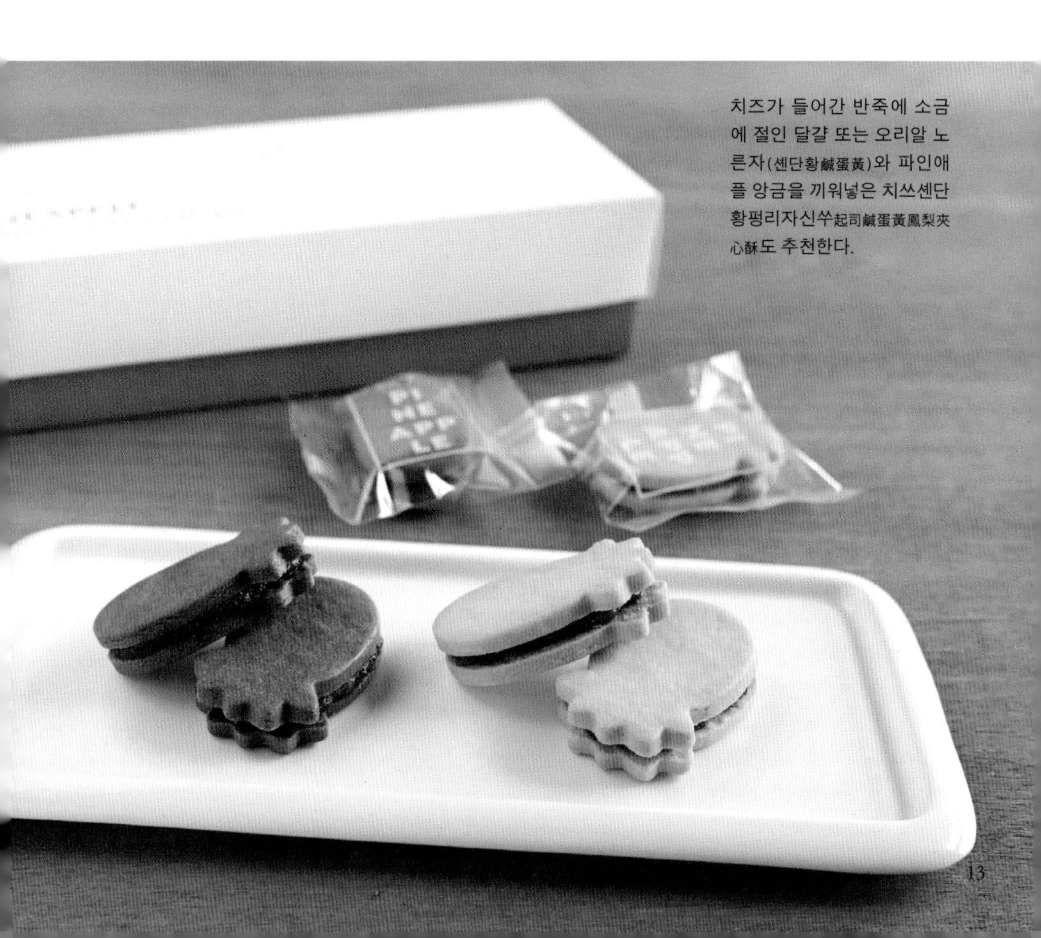

치즈가 들어간 반죽에 소금에 절인 달걀 또는 오리알 노른자(셴단황鹹蛋黃)와 파인애플 앙금을 끼워넣은 치쓰셴단황펑리자신쑤起司鹹蛋黃鳳梨夾心酥도 추천한다.

대만산 바닐라의 달콤함이 가득

타이완샹차오펑리쑤

台灣香草鳳梨酥

상품명	타이완샹차오펑리쑤 台灣香草鳳梨酥
가격	12개입 660NT$
구입처	호텔 메트로폴리탄 프리미어 타이베이 1층 프리미어 스위트Premier Sweet(핀쑹팡品頌坊)

台北市中山區南京東路三段133號

10:00~20:00

선물용으로 조금 색다른 펑리쑤를 구입하고 싶을 때 추천하는 것은 호텔 메트로폴리탄 프리미어 타이베이의 타이완샹차오펑리쑤이다. 대만산 바닐라(샹차오)를 첨가한 파인애플 앙금을 프랑스산 버터 향이 나는 반죽으로 감싼 고급스러운 펑리쑤다.

대만산 바닐라의 역사는 아직 짧지만, 향료 성분인 바닐린의 함량이 높아 향이 달콤하고 부드럽다. 최근 국제적으로도 높은 평가를 받고 있다. 동과를 첨가한 옛날식 부드러운 앙금과 잘 어울리니 이 펑리쑤를 통해 꼭 한번 맛보시길 바란다.

2021년 여름에 오픈한 호텔 메트로폴리탄 프리미어 타이베이. 베이커리 '프리미어 스위트'에서는 펑리쑤와 일본 스타일을 접목한 프랑스식 과자 등을 판매한다.

노포 국수집의 독특한 펑리쑤

칭차오차펑리쑤

青草茶鳳梨酥

상품명 칭차오차펑리쑤青草茶鳳梨酥
가격 6개입 320NT$
구입처 이페이쯔몐뎬—肥仔麵店
台北市萬華區富民里西園路一段69號
10:00~20:00

타이베이에서 가장 오래된 사원인 룽산쓰龍山寺(용산사) 옆 약초 거리에서 오래전부터 사랑받아온 칭차오차青草茶(약초차)를 맛볼 수 있다. 이를 반죽에 듬뿍 넣은 펑리쑤가 바로 칭차오차펑리쑤다. 한입 베어 물었을 때부터 진한 허브 향이 느껴져 칭차오차를 마셔본 적이 있는 사람이라면 순식간에 대만으로 시간 여행을 떠날 수 있을 것이다.
이 펑리쑤를 제조, 판매하는 곳은 완화萬華(룽산쓰와 약초 거리로 유명한 지역)에 있는 74년 전통의 국수 가게다. 현지 식재료를 많은 사람들에게 알리고자 하는 주인의 마음이 담긴 상품이기도 하다.

일반적으로 칭차오류는 180도 이상의 고온에서는 향이 날아가기 때문에 주인은 오랜 시간 동안 시행착오를 겪었다고 한다. 그 노력은 2023년 제13회 아시아 태평양 음식 및 음료 챔피언십 10대 기념품으로 선정된 것에서도 알 수 있다.

말랑말랑하게 굳힌 땅콩 과자

화성탕
花生糖

상품명	위안웨이화성탕原味花生糖, 싼싱충화성탕三星蔥花生糖
가격	위안웨이화성탕 240g±20g, 싼싱충화성탕 200g±20g 각 120NT$
구입처	진사오예화성탕金少爺花生糖 타이베이 분점台北分店

台北市羅斯福路五段269巷26號

10:00~20:00(일요일 휴무) 채식 상품

화성탕(화성은 땅콩이라는 뜻)은 맥아당, 설탕 또는 물엿으로 땅콩을 굳힌 이란宜蘭의 명물 과자다. 대부분 화성탕은 바삭바삭한 식감이 특징이지만, 진사오예의 화성탕은 이와는 다른 맛이다. 물엿 부분이 부드럽고 촉촉하며 풍부하다. 치아에 달라붙을 것 같지만 전혀 그렇지 않다. 놀랄 만큼 쫀득쫀득한 탄력은 계절과 기온에 따라 가열 온도와 시간을 조절할 수 있을 만큼 숙련된 기술 덕분이다. 게다가 적당한 단맛이 땅콩의 향을 더욱 두드러지게 한다. 첫 한입을 먹자마자 입안에 충격을 주는 것이 바로 진사오예의 화성탕이다.

이란의 특산품인 산신충三星蔥(산신 지역에서 나는 파)을 첨가한 화성탕. 향긋함과 톡 쏘는 매운 맛이 포인트가 된다.

대만 버전 시가렛 쿠키

화성단쥐안
花生蛋捲

상품명	신주푸위안화성장단쥐안新竹福源花生醬蛋捲
가격	16개입 약 399NT$
구입처	미아 세봉Mia C'bon 등

스페인의 시가렛 쿠키가 아시아에 전해진 후, 홍콩에서 유행하면서 대만에도 전파된 것이 바로 단쥐안蛋捲이다. 일반 쿠키보다 달걀 향이 진하고, 바삭바삭 부서지는 식감이 매력적이다. 그런 단쥐안의 속에 땅콩버터를 부어 만든 과자가 화성단쥐안이다.
대만에서 가장 유명한 푸위안福源의 땅콩버터를 사용한 제품으로, 땅콩버터가 단쥐안의 끝에서 끝까지 듬뿍 들어 있어 먹을 때마다 흘러넘치는 느낌이다. 요즘은 공항에서도 판매되고 있어 탑승 직전에 기념품으로 구입하기에도 좋다.

푸위안의 땅콩버터는 최근 다양한 상품과 컬래버레이션을 진행하고 있다. 파 크래커 샌드, 누가도 추천한다.

입안에서 살살 녹는 땅콩 과자

화성쑤
花生酥

상품명	정이펑후나이유화성쑤正一澎湖奶油花生酥
가격	1봉 150NT$
구입처	다롄식품大連食品(난먼시장南門市場 내) 본점은 펑후澎湖

台北市中正區羅斯福路一段8號35至38號

7:00~19:00(월요일 휴무)

대만해협 남동쪽에 위치한 섬, 펑후의 명물이다. 화성쑤를 입에 넣는 순간 진한 땅콩 향과 부드러운 단맛이 입안 가득 퍼진다. 몇 년 전부터 펑리쑤에 이어 대만의 대표 기념품으로 각광을 받고 있다.

펑후에는 식감과 맛이 다양한 화성쑤가 있는데, 나는 타이베이 난먼시장(남문시장)에서도 구입할 수 있는 정이 화성쑤를 좋아한다. 이 화성쑤는 버터가 들어 있어 촉촉하고 입안에서 사르르 녹는 듯하다. 씹을 때 바삭바삭 소리가 나지 않고 입안에 오래 머물지 않아 회의할 때 간식으로 먹기에도 좋다.

고소하게 구운 땅콩을 가루로 만들고 버터, 설탕, 맥아당, 밀가루 등과 함께 덩어리로 만들어 차갑게 식혀서 잘라낸 과자이다.

가장 오래전부터 사랑받아온 다과

미젠
蜜餞

상품명	미젠蜜餞
가격	1봉 100NT$부터
구입처	타이베이위잔미젠항 台北譽展蜜餞行

台北市中山區四平街72號
11:30~19:00(일요일 휴무)

대만에는 펑리쑤, 가오뎬糕點(중국식 과자) 등 차에 곁들일 수 있는 음식이 많다. 그중에서도 가장 오래전부터 사랑받고 있는 것이 미젠(정과)이다. 설탕이나 꿀에 절인 과일을 말하는데, 단맛 외에도 짠맛, 매운맛, 신맛 등 다양한 맛이 난다.
MRT 쑹장난징松江南京(송장난징)역 근처에 있는 타이베이위잔미젠항에서는 거의 모든 종류의 미젠을 시식해볼 수 있다. 마음에 드는 맛을 반드시 찾을 수 있으니 좋아하는 차와 함께 즐겨보시라.

전통적인 미젠은 올리브와 매실로 만든다. 말린 과일도 미젠에 속하지만, 비교적 새로운 스타일이다.

용안과 호두로 만든 달콤한 과자

구이 위안 허 타오 가오
桂圓核桃糕

상품명 구이위안허타오가오
桂圓核桃糕
가격 20개입 275NT$
구입처 이메이식품義美食品 각 매장,
대표매장 진산먼스金山門市
台北市大安區金山南路二段12號
월~토요일 7:00~22:00, 일요일 8:00~22:00

대추야자와 맥아당 페이스트에 호두를 섞어 자른 과자가 허타오가오核桃糕다. 말린 과일의 자연스러운 단맛과 견과류의 고소함을 동시에 맛볼 수 있는 소박한 다과다. 믿고 먹을 수 있는 식품을 만드는 업체 이메이식품에서는 용안을 넣은 허타오가오를 판매하고 있다. 일반 허타오가오보다 과일향이 강해 상큼한 대만 녹차와 잘 어울린다. 게다가 이 제품의 장점은 납작한 모양으로 되어 있고 오블라토로 싸여 있다는 것이다. 치아에 달라붙지 않아 아이부터 어르신까지 즐길 수 있다. 영양가가 높은 것도 장점이다!

타이난 둥산에서 신선한 용안을 채취해 껍질을 벗기고 가마에서 말린 것(구이위안桂圓)을 사용한다. 독특한 향과 단맛이 일품이다.

처음 맛보는 식감, 대만식 마카롱

타이스마카룽
台式馬卡龍

상품명 다뉴리大牛力
가격 18개입 150NT$, 뉴리牛粒 14개입 50NT$
구입처 스쯔쉬안가오빙푸十字軒糕餅舖
台北市大同區延平北路二段68號
월~토요일 8:00~21:00
일요일 9:00~18:00

지금 대만에서 먹을 수 있는 마카롱은 세 가지다. 프랑스식 마카롱, 속이 꽉 찬 한국식 마카롱, 그리고 지금 소개하는 대만식 마카롱이다. 대만식 마카롱의 뿌리는 사실 일본이다. 부셰(크림이나 잼을 발라 샌드한 과자)가 유행했을 때, 대만에 전해져 독특하게 발전해 식감이 바삭바삭한 지금의 대만식 마카롱이 되었다고 한다.
스쯔쉬안가오빙푸의 대만식 마카롱 '다뉴리'는 일반 대만식 마카롱보다 두 배 정도 큰 것이 특징이다. 단맛이 적고 입안에서 잘 녹아서 입에 자꾸만 넣게 돼 금방 배가 불러온다. 바삭바삭한 식감의 작은 '뉴리'도 추천한다.

대만식 마카롱은 아몬드 가루를 사용하지 않고 전란과 박력분을 사용한다. 부드러운 맛으로 아이들에게도 인기이다.

짭잘한 파 크래커를 누가로 붙이다

뉴가빙
牛軋餅

상품명	뉴가빙牛軋餅
가격	16개입 220NT$
구입처	미미蜜密

台北市大安區金山南路二段21號

9:00~13:00(월요일 휴무)

우유나 맥아당을 졸여 만든 끈적끈적한 소프트 캔디를 누가(뉴가탕牛軋糖)라고 한다. 그 누가를 파 크래커에 끼워 넣은 과자가 뉴가빙(누가 크래커)이다. 달콤한 누가와 짭조름한 크래커의 조화가 재미있어 대만인은 물론 한국인들에게도 인기 있는 과자다. 미미의 뉴가빙도 한국인들이 줄을 서서 한동안은 구하기 어려웠을 정도다. 프랑스산 생크림을 쓴 진한 누가는 쫀득쫀득하고 부드러워 다른 가게의 제품과는 확연히 다르다.

※ 이곳은 2025년 1월 27일에 폐업했다.

부드러움이 중요한 누가는 보통 마시멜로 같은 쫀쫀한 맛은 부족한데, 미미의 뉴가빙은 쫀득쫀득해서 식감도 최고다.

안은 쫀득, 겉은 바삭!

라오포빙
老婆餅

상품명 라오포빙老婆餅
가격 8개입 280NT$
구입처 싼통한과자三統漢菓子 신이용춘信義永春총점
台北市信義區松山路315-5號
9:30~21:00
상온 5일 냉장 8일

직역하면 '아내의 전병'이라는 라오포빙. 아버지의 약값을 마련하기 위해 자신을 노예로 팔아넘긴 아내의 남편이 아내를 되찾기 위해 고안했다는 전설이 있는 전통 과자다. 찹쌀가루가 들어가 쫀득쫀득한 앙금과 이를 감싼 바삭한 파이의 식감 차이를 즐길 수 있는 과자다. 내가 좋아하는 싼통한과자(삼통한과자)의 라오포빙은 단맛이 적고 풍부한 밀의 향과 버터의 풍미를 느낄 수 있는 것이 매력이다. 현재는 2대째 이어받았고 포장도 세련되게 리뉴얼했다. 전통을 지키면서도 새로운 도전도 많이 하는, 계속 관심을 가질 만한 중화과자 브랜드 중 하나다.

타이중의 명물인 타이양빙太陽餅(태양병)과 비슷하지만 조금 다르다. 둘 다 사서 먹어보는 재미도 쏠쏠하다.

대만의 맛을 한가득 담은 빵

첸 청 만 터우
千層饅頭

상품명 첸청만터우千層饅頭
가격 4개입 150NT$
구입처 허싱가오톈뎬合興糕糰店(난먼南門시장)
台北市中正區羅斯福路一段8號
1樓41'42'43攤位
8:00~18:00(월요일 휴무) 냉장 냉동

중국에서는 속이 없는 찐빵 같은 것을 만터우饅頭라고 한다. 흰 것, 통밀가루가 들어간 것 등이 있는데, 만터우는 아침 식사로 먹는 경우가 많다. 그 외에도 견과류나 과일, 고구마 등이 들어간 것도 있어 간식용으로도 먹을 수 있다.
이번에 소개할 첸청만터우는 후자에 속한다. 대만 사람들이 좋아하는 타로(타로토란)와 소금에 절인 달걀 또는 오리알인 셴단鹹蛋을 겹겹이 쌓아 만든 것이 포인트다. 냉동했다가 출출할 때 쪄 먹으면 입안에 대만의 향기가 퍼져 행복한 기분을 느낄 수 있다.

타로의 달콤한 맛과 가열한 셴단 크림의 짭짤한 맛이 대만 그 자체다. 이스트가 아닌 과발효시킨 반죽의 일부를 넣고 발효시켜서 향이 좋다.

파이로 감싼 대만 카스텔라

치쑤단가오
起酥蛋糕

상품명 이지셩 치쑤단가오一之軒 起酥蛋糕
가격 4개입 120NT$
구입처 이지셩一之軒 각 매장, 대표매장 스다(사대)師大점
台北市大安區師大路53號
7:00~22:30 냉장 냉동

보통 파이 안에 넣는 재료를 떠올리면 과일이나 견과류, 크림, 고기 등이 일반적인 속 재료다. 그런데 스펀지케이크를 속 재료로 삼아 감싸서 구워낸 이 과자는 세계적으로도 보기 드문 예가 아닐까 싶다.

타이베이와 신베이를 중심으로 널리 퍼져 있는 이지셩I JY SHENG(이즈쉬안) 베이커리의 치쑤단가오는 촉촉한 파이가 푹신한 대만식 카스텔라를 감싸고 있는 과자다. 파이와 케이크, 언뜻 보기에는 부담스러워 보이지만 대만 카스텔라 부분에 레몬 향이 있어 의외로 상큼하게 먹을 수 있다. 타이둥에서 생산된 훙우룽(106쪽)과 함께 먹으면 더욱 좋다.

유치원 간식으로 나오기도 하는 치쑤단가오는 아이부터 어른까지 모두에게 사랑받는 부드러운 맛이 매력이다.

홍차와 잣의 향이 향긋한 과자

쑹쯔차쑤
松子茶酥

상품명 쑹쯔차쑤松子茶酥
가격 1개 75NT$, 6개입 430NT$
구입처 펑단옌쉬안번푸丰丹嚴選本舖

大安區金華街219號1樓
11:00~21:00
타이베이역 Qsquare 등에도 매장이 있다. 본점은 타이중.

'정통, 천연, 무첨가'를 원칙으로 좋은 기름, 좋은 설탕, 좋은 재료로 만든 펑단의 과자. 특히 쑹쯔차쑤는 지인들에게 선물하면 "맛있다!"라는 말을 들을 수 있는 제품이다. 엄선된 르웨탄日月潭 아삼Assam 홍차가 껍질과 앙금에 잘 섞여 있어 포장을 뜯는 순간부터 향긋한 향이 퍼져 나온다. 달콤하고 고소한 잣의 향과 과자 속에 숨어 있는 부드러운 떡의 식감도 즐겁다. 다 먹기도 전에 몇 번이고 '맛있다'는 감탄사가 절로 나오는 과자다.

맛있을 뿐만 아니라 단맛이 적고 건강에도 좋다. 포장까지 예쁘다.

작아서 귀여운 크래커 샌드

마이야빙
麥芽餅

상품명 이커우치샤오빙첸一口吃小餅乾
가격 20개입 60NT$
구입처 디화제춘정마이야빙迪化街純正麥芽餅
台北市大同區南京西路233巷15號
11:00~19:00(화요일 휴무)

500원짜리 동전 만한 크기의 둥근 크래커에 맥아 시럽을 샌드한 귀여운 모양의 과자가 마이야빙이다. 고소하고 짭조름한 크래커와 부드러운 단맛의 맥아 시럽이 잘 어울려 한번 먹기 시작하면 멈출 수 없는 과자다. 특히 건식품과 옷감 도매상들이 모여 있는 디화제迪化街의 한구석에서 30년 이상 영업 중인 디화제춘정마이야빙의 마이야빙은 신선한 맥아 시럽을 사용해 쫀득쫀득하고 부드러운 것이 매력이다. 한 봉지에 20개씩 들어 있는데, 너무 맛있어서 집에 돌아가는 길에 다 먹어버리기 때문에 우리 집은 두 봉지 이상 사는 것이 규칙이다.

깡통으로 만든 소고를 딸랑이며 큰 소리로 마이야빙을 파는 행상의 모습은 대만의 많은 노인들이 공통적으로 가지고 있는 어린 시절의 추억이라고 한다.

펑리쑤 전문점의 공방을 엿보다

갓 구운 펑리쑤를 그 자리에서 맛볼 수 있다!

다 구워진 펑리쑤를 조심스럽게 틀에서 꺼내면 버터 향이 퍼지면서 행복한 기분이 든다!

푸텐이팡펑리쑤

福田一方鳳梨酥

닝샤寧夏 야시장 바로 옆에서 영업한 지 10년. 엄선된 재료로 만든 펑리쑤 전문점.

⊙ 台北市大同區重慶北路二段71-1號

⊙ 10:00~20:30

오너인 천陳 씨. 펑리쑤를 저렴한 가격에 맛보게 하고 싶다고 한다.

한 번에 만드는 반죽의 양은 500개 분량. 수작업이기 때문에 중노동이다.

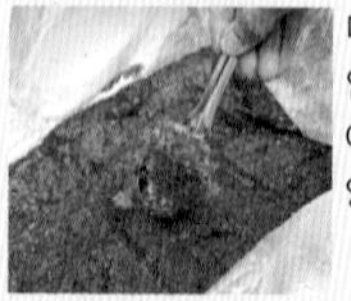

대만산 신선한 파인애플이 듬뿍 들어간 새콤달콤한 앙금.

네 종류의 펑리쑤는 각 특징이 확실하면서 맛도 있다.

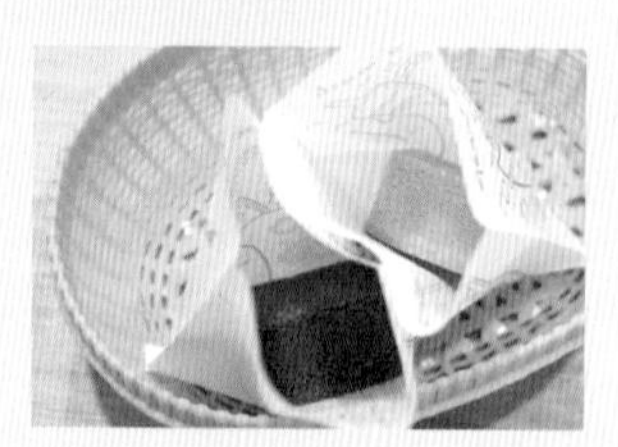

갓 구운 따뜻한 펑리쑤는 한 개당 30NT$에 구입할 수 있다.

제2장

대만식 양과자

대만의 맛을 더한 고품격 양과자

찻잎이 통째로 들어간 쿠키

밍샹
茗香

상품명	밍샹茗香
가격	78개입 880NT$ 사계춘차四季春茶 수제 쿠키: 140NT$/13~14개입 탄배炭焙 우롱차 수제 쿠키: 130NT$/13~14개입
구입처	쿵푸위안더서우줘톈뎬空服員的手作甜點 중산中山점

台北市大同區南京西路73號

11:00~21:30

중산의 신광 미쓰코시新光三越 등 다른 매장도 있다.

최근 몇 년 사이 대만의 양과자 수준이 많이 높아졌다. 양과자로서의 완성도가 높을 뿐만 아니라, 이 대만 차 쿠키처럼 대만의 특산물을 접목해 독특한 맛으로 완성한 상품이 많다. 틴 케이스에 담긴 쿠키 밍샹에는 숯으로 건조한(탄배) 우롱차, 자스민차, 사계춘차, 호지차, 얼그레이차 등을 사용한 쿠키가 들어 있다. 그중에서도 사계춘차는 찻잎이 통째로 들어 있다. 먹으면 바로 입안에 퍼지는 부드러운 향에 한 번, 그 후에 느껴지는 찻잎의 은은한 쓴맛에 두 번 감동할 수 있다. 약간의 단맛도 차의 향을 더욱 돋보이게 하는 포인트다.

어른들을 위한 제품이라는 느낌이 들지만, 발효 버터의 부드러운 맛이 있어 아이들도 좋아한다. 맛있는 음식은 나이에 상관없이 사랑받는다.

입안에서 사르르 녹는 쿠키

취치빙
曲奇餅

상품명 취치빙첸曲奇餅乾
가격 클래식 종합經典綜合(소) 295NT$
구입처 COOKIE886
台北市中山區民生西路66巷25弄1號
12:30~20:30

취치빙을 직역하면 쿠키이지만, 대만에서 취치빙이라고 하면 짤주머니로 모양을 만든 쿠키를 의미한다. 이런 모양의 쿠키는 다른 곳에서도 흔히 찾을 수 있겠지만, 대만의 취치빙은 맛이 전혀 다르다. 특히 COOKIE886의 취치빙은 혀에서 사르르 녹아내리는 듯한 감촉이 매력적이다. 대만산 밀가루에 뉴질랜드산 목초 버터와 프랑스산 발효 버터를 섞어 아주 부드러운 식감을 구현했다. 한번 먹어보면 확실히 빠져드는 이 식감, 다른 나라에서도 분명 유행할 것이다.

동그랗고 귀여운 틴케이스를 열면 예쁘게 담긴 취치빙이 나온다. 보는 것만으로도 힐링이 된다.

인기 일본인 화가의 그림으로 탄생한 귀여운 쿠키 케이스!

시수두자오서우셴딩리허

西淑獨角獸限定禮盒

숲속 동물들을 테마로 한 꿈 같은 풍경을 통해 동심으로 돌아가 맛있는 쿠키를 맛보길 바라는 마음을 담았다.

코로나19 사태가 한창인 2021년, 타이베이 최고의 패션 거리 '츠펑제赤峰街'에 문을 연 수제 쿠키 전문점 코티코티. 일본 화가 니시슈쿠西淑와 협업한 북유럽풍 쿠키 케이스의 디자인은 '귀여워!'라는 생각이 절로 들게 한다. 겉모습뿐만 아니라 고급 버터의 향기로운 향과 깊은 맛도 매력적이다.
이 케이스에 들어 있는 백도와 철관음차 쿠키(왼쪽)를 먹으면 풍부한 차의 향이 입안에 잔잔하게 오래 남는다. 결혼이나 출산 축하 선물로 구매하는 사람도 많다는 귀한 쿠키 틴 케이스. 소중한 사람에게 선물하기에도 안성맞춤이다.

상품명	시수두자오서우셴딩리허西淑獨角獸限定禮盒(니시슈쿠 일각수 한정 선물함)
가격	120g 380NT$
구입처	코티코티kotikoti

台北市大同區赤峰街53巷2號
월~금요일
10:00~14:00, 15:00~19:00
토~일요일 10:00~19:00

대만이기에 가능한 트리 투 바 초콜릿

푸완 차오 커리

福灣巧克力

빈투바Bean to Bar는 카카오 빈bean에서 초콜릿 바Bar까지 한곳에서 제조하는 방식으로, 일반 초콜릿보다 더 신선한 상태로 구입할 수 있는 것이 특징이다. 빈이 아닌 묘목부터 재배해 만드는 것(트리 투 바Tree to Bar)이 바로 푸완 차오커리(초콜릿)의 초콜릿이다. 모든 공정에 정성을 쏟는 만큼 품질은 물론이고 향도 다르다.

'타이완탄베이우룽나이차台灣炭焙烏龍奶茶(대만 탄배 우롱 밀크티)'는 입에 넣는 순간 대만을 느껴질 정도로 밀크티의 향이 진하게 느껴진다. 장미, 리치, 동방미인차를 섞은 '메이구이리즈둥팡메이런玫瑰荔枝東方美人'은 각 재료의 개성이 화려한 맛을 낸다. 세계 초콜릿 대회에서 최우수상을 수상한 바 있다.

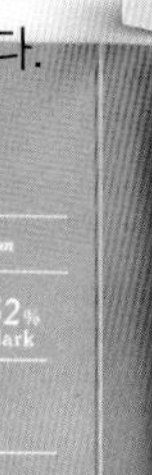

묘목부터 정성껏 키우는 트리 투 바 공법으로
만든 초콜릿은 풍부한 카카오 향이 매력적이다.

상품명	56% 타이완탄베이우룽나이차 차오커리 台灣炭焙烏龍奶茶巧克力 62% 메이구이리즈둥팡메이런 차오커리 玫瑰荔枝東方美人巧克力
가격	56% 400NT$, 62% 450NT$
구입처	푸완차오커리카페이뎬福灣巧克力咖啡店 (푸완 초콜릿 커피숍)

台北市大安區東豐街69號1樓

11:30~19:30(화요일 휴무)

냉장

호텔에서 만든 대만 맛 초콜릿

장룽주덴차오커리
長榮酒店巧克力

상품명 AOC차오커리리허AOC巧克力禮盒
가격 12개입 975NT$
구입처 장룽구이관주덴長榮桂冠酒店
台北市松江路63號
10:30~18:00 냉장

'대만 현지 식재료를 살리자'라는 콘셉트로, 엄선된 대만 식재료를 사용해 만든 에버그린 로렐Evergreen Laurel 호텔(장룽구이관주뎬)의 초콜릿. 세계 각국의 콘테스트에서 수상한 경력이 있는 초콜릿 중에서도 특히 추천하는 것은 핑크 구아바 우롱, 오렌지 사계춘차 등 차와 농산물을 조합한 초콜릿이다. 단맛과 신맛뿐만 아니라 매운맛과 쓴맛 등 식재료가 가진 모든 맛이 초콜릿 한 알에 최상의 밸런스로 담겨 있다. 금목서 매실, 레몬 라벤더 등 의외의 조합도 재미있다!

로열 초콜릿 대회에서 수상한 초콜릿이 담긴 AOC차오커리리허(AOC 초콜릿 선물함). 타이중점에는 더 많은 종류가 있다.

이제는 대만의 명물, 누가

뉴가탕

牛軋糖

상품명 잉타오예예뉴가탕櫻桃爺爺牛軋糖

가격 홍우롱 뉴가탕紅烏龍牛軋糖 100g 195NT$, 애플망고 뉴가탕愛文芒果牛軋糖 200g 430NT$ 등

구입처 잉타오예예싱샹뎬櫻桃爺爺形象店

台北市長安東路二段69號

9:30~21:00

처음 대만을 방문했을 때 놀랐던 것은 누가nougat 보급률이었다. '프랑스 전통 과자인 누가가 왜 대만에서?'라는 의문을 가졌던 기억이 난다. 대만 누가의 특징은 진한 우유맛과 쫀득쫀득한 식감이다. 'QQ'라고 불리는 쫀득쫀득한 식감을 좋아하는 대만 사람들에게 절대적인 인기를 누리는 것도 당연하다.

많은 디저트 가게에서 누가를 팔지만, 내가 가장 좋아하는 것은 잉타오예예의 누가다. 차, 열대과일 등 대만 특유의 풍미가 듬뿍 들어 있고, 입안에서 녹을 정도로 부드러운 것이 매력적이다.

엄선된 현지 식재료를 사용하는 잉타오예예의 누가. '음식의 안전과 건강'을 위해 첨가물을 넣지 않고 단맛을 절제해 만든 제품이다.

야시장 명물 '디과추'처럼 생긴 팝콘

솽써디과바오미화
雙色地瓜爆米花

상품명 마기 플래닛Magi Planet 솽써디과바오미화 雙色地瓜爆米花

가격 110g 170NT$

구입처 마기 플래닛Magi Planet 싱추궁팡바오미화 星球工坊爆米花 징잔스상광창京站時尚廣場(Q Square) 상가

台北市大同區承德路一段1號B3F

일~목요일 11:00~21:30, 금~토요일 11:00~22:00

대만 야시장에서만 맛볼 수 있는 간식 '디과추地瓜球'(한국에선 고구마볼로 불린다). 고구마로 만들어 부드러운 단맛이 나는 튀긴 과자로 겉은 바삭하고 속은 쫀득쫀득한 식감이 매력적이다. 그런 디과추를 연상시키는 팝콘이 '마기 플래닛 싱추궁팡바오미화'의 솽써디과바오미화다. 동글동글하고 귀여운 팝콘에 대만산 고구마 두 종류의 달콤한 향이 배어 있다. 치아에 끼기 쉬운 껍질이 없어 불편함 없이 맛있게 먹을 수 있다. 인기 있는 옥수수 수프맛, 딸기맛 외에 마라맛, 홍우롱 밀크맛 등 대만 특유의 맛도 즐길 수 있다.

대만의 현지 식재료를 고집하며 만든 팝콘은 현재 세계 12개국에서 판매될 정도로 인기다. 무첨가 제품이라 안심할 수 있다.

대만 식재료로 만든 마카롱

마카롱
馬卡龍

상품명	하비비 마카롱HABIBI馬卡龍
가격	1개 85NT$
구입처	하비비HABIBI 신광미쓰코시新光三越 난시南西점 B2

台北市中山區南京西路12號

일~목요일 11:00~21:30

금~토요일 11:00~22:00 냉장

대만 식재료의 맛을 살리기 위해 설탕을 20% 줄였지만, 아무리 봐도 프랑스 퀄리티의 정통 마카롱이다. 그도 그럴 것이 오너인 레몽 씨는 프랑스 출신의 파티시에다. 대만인과 결혼해 대만에서 하비비를 오픈했다.

항상 약 40종의 마카롱을 구비하고 있는데, 그중에서도 내가 특히 좋아하는 맛은 대만을 대표하는 위스키인 카발란을 사용한 '가마란웨이스지噶瑪蘭威士忌'와 소금에 절인 노른자를 사용한 '셴단황鹹蛋黃'이다. 누구에게 선물해도 "맛있고 예쁘다!"라고 말하며 기뻐할 것이다.

많은 사람들과 디저트로 행복을 나누고자 하는 마음으로 저렴하고 건강한 마카롱을 제공하고 있다.

고급 대만 시나몬롤

러우 구이 쥐안
肉桂捲

상품명 징뎬위안웨이러우구이쥐안經典原味肉桂捲
가격 4개입 370NT$
구입처 러우구이쥐안즈쭤숴肉桂捲製作所(시나몬롤 제작소) 솽롄먼스雙連門市

台北市大同區雙連街19號
12:00~20:00 상온 2일 이후 냉동

일본에서 마리토초Maritozzo(빵 사이에 생크림을 가득 넣은 것)가 유행하던 시절, 대만에서 유행했던 것은 러우구이쥐안(시나몬롤)이었다. 모든 카페가 너도나도 시나몬롤을 만들었고, 전문점도 늘어났다. 현재는 유행이 조금 잠잠해졌지만, 인기 메뉴로 자리 잡으며 카페의 스테디 메뉴가 되었다.
특히 러우구이쥐안즈쭤숴(시나몬롤제작소)의 시나몬롤은 네 개부터 박스 단위로 구입할 수 있고, 소스(추가 구매)가 따로 제공되기 때문에 뚜껑에 달라붙을 염려도 없다. 반죽에 듬뿍 들어간 시나몬과 버터의 향에 잠시나마 행복감을 느껴보자.

습도나 온도에 따라 완성도가 차이나지 않도록 실온을 25~28도로 철저하게 관리한다. 러우구이쥐안만을 판매하기 때문에 가능한 원칙이다.

달콤함과 투박함의 조화

다커와쯔

達克瓦茲

상품명 마이라 다커와쯔MYRA 達克瓦茲

가격 1개 120NT$, 8개입 1상자 960NT$

구입처 마이라 다커와쯔MYRA 達克瓦茲

台北市大安區安和路一段127巷6號

12:00~19:00(월요일, 일요일 휴무) 냉장

케이크의 토대가 되는 프랑스의 머랭 과자인 다쿠아즈. 그것을 작은 원형이나 작은 판 모양으로 만들어 그 사이에 크림을 끼워넣은 것이 일본의 다쿠아즈인데, 더 진한 필링을 넣은 것이 대만의 다쿠아즈, 다커와쯔다. 타이베이에서 가장 유명한 다쿠아즈 전문점 마이라MYRA의 제품은 '관인메이구이觀音玫瑰(철관음과 장미)' '푸펀훙위覆盆紅玉(홍옥 홍차와 라즈베리)' 등 대만의 차와 과일, 특산품으로 만든 필링이 화려하다. 입안에서 살살 녹아내리는 부드러운 필링의 맛과 다쿠아즈의 투박한 식감이 대조적이다. 직경 5센티미터의 무대에 오른 대만의 식재료를 즐겨보자.

거품이 잘 나지 않는 다쿠아즈를 맛있게 완성하기 위해서는 1분 1초가 승부처다. 겉은 바삭하고 속은 폭신폭신한 식감이 매력적이다.

대만 맛의 카늘레

커리루
可麗露

상품명 커리루可麗露
가격 철관음 커리루鐵觀音可麗露 55NT$, 발사믹 무화과 커리루酒醋無花果可麗露 55NT$, 셴단황 버터크림 커리루鹹蛋黃奶油霜可麗露 60NT$, 패션프루트 잼 커리루百香情人可麗露 60NT$, 트러플 버터크림 커리루黑松露奶油霜可麗露 65NT$
구입처 몽 데세르Mon dessert
台北市中山區雙城街49巷10-2號1樓
11:00~18:30(월요일 휴무) 냉장

대만의 양과자 이름은 마카룽이나 다커와쯔와 같이 발음이 비슷한 한자를 쓰는 경우가 많은데, 왜 유독 카늘레만 커리루일까. 외국인을 위해 '초코 커리루' 같은 이름을 외국어로 표기하기도 하는데, 그때도 '커리루'라고 쓰는 것이다. 그런 커리루가 바삭바삭한 맛을 좋아하는 대만 사람들에게 인기를 끌면서 2021년경부터 유행했고 점점 자리를 잡아가고 있다. 특히 몽 데세르의 커리루는 카늘레 정통의 맛 뿐만 아니라 대만의 맛도 진하게 느껴진다. 차의 쓴맛, 과일의 신맛, 셴단황의 짠맛 등이 넘쳐난다.

원래는 신베이시 산충三重에서 운영하던 몽 데세르는 그때부터 '정통의 맛'으로 화제를 불러일으키며 2022년 타이베이시 중산구로 이전했다. 모든 디저트가 수준급이다!

디저트로 제2의 인생을 항공승무원 출신 부부가 오픈한 인기 카페

비행기의 요소를 도입한 매장 내부. 승무원 시절부터 수제 과자 솜씨로 정평이 나 있던 주인이 영국 유학을 다녀와 오픈한 곳이다.

쿵푸위안더서우쭤 톈몐 중산점

空服員的手作甜點 中山

케이크와 구움과자 외에도 망고, 멜론 등 제철 디저트도 맛볼 수 있다. 본점은 단수이淡水.

⊙ 臺北市大同區南京西路73號(중산 신광미쓰코시中山新光三越 등에도 매장 있음)

⊙ 11:00~21:30

마들렌, 피낭시에 등 구움과자는 낱개로 구매 가능하다.

쇼케이스에 진열된 케이크는 모두 설탕이 적게 들어가 단맛이 적당하다.

홀 케이크는 비행기가 활주로를 달리는 디자인이다. 출산 선물로 인기다.

차는 가오슝에서 100년 이상 이어져 온 '둬모차스多磨茶事'의 차를 쓴다. 매장에서 구입할 수 있다.

샤오페이小飛, 솨이페이帥飛 부부. 인생의 두번째 무대에서는 디저트로 많은 사람들을 웃게 하고 싶다.

제3장

조미료, 향신료, 분말류

있으면 요리의 폭이 넓어지는
대만 조미료와 향신료

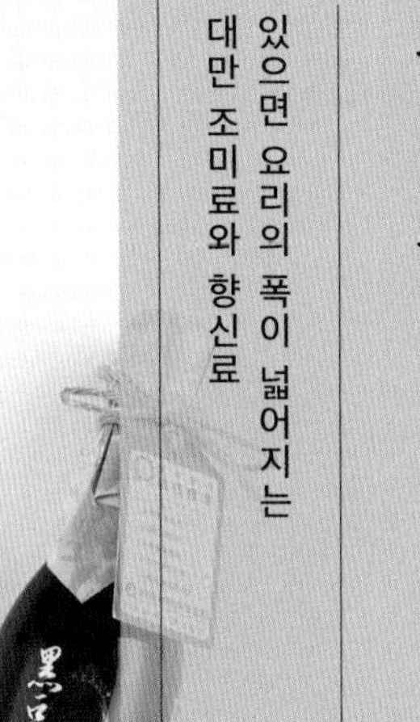

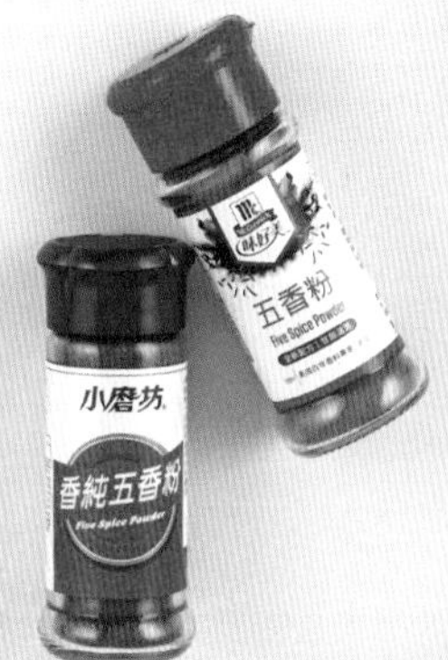

감칠맛 넘치는 검은콩간장(흑두장유)

헤이 더우 장 유

黑豆醬油

대만은 간장의 종류가 많은 나라다. 일반 대만 간장 외에도 검은콩간장, 걸쭉한 간장(장유가오醬油膏), 캐러멜 흑간장(라오처우老抽), 밀간장(바이장유白醬油) 등이 슈퍼마켓에 진열되어 있어 어떤 것을 선택해야 할지 모를 정도다. 그중에서도 향과 맛이 진한 검은콩간장이 인기가 많아 각 업체에서 다양한 종류를 내놓고 있다.

놀랄 만큼 향이 강한 제품도 있지만, 내가 애용하는 헤이더우상黑豆桑의 검은콩간장은 맛의 균형이 잘 잡혀 있어 사용하기 편하다. 그중에서도 '톈란지핀딩지허우헤이진장유(천연

매출 1위의 톈란지핀딩지허우헤이진장유. 생으로 사용하는 것 외에도 익힌 요리에도 활용된다. 취안롄, 다룬파에서 살 수 있다.

상품명	텐란지핀딩지허우헤이진장유天然極品頂級厚黑金醬油, 텐란지핀취안넝강디장유天然極品全能缸底醬油, 텐란지핀딩지헤이진장유天狼藏品頂級黑金醬油
가격	텐란지핀딩지허우헤이진장유 550ml 392NT$, 텐란지핀취안넝강디장유 180ml 164NT$, 텐란지핀딩지헤이진장유 180ml 164NT$
구입처	취안롄푸리중신全聯福利中心(PX마트), 다룬파大潤發, 미아 세봉Mia C'bon 채식 상품

극품 정급 후흑금 장유)'는 밀 대신 검은콩을 주원료로 하고, 풍미를 높이기 위해 고량주를, 부드러움을 내기 위해 된장을 사용했다. 각 재료가 음식의 맛을 깊게 만들어준다.

그 밖에도 일반 노란 콩과 검은콩을 섞은 만능 간장인 '텐란지핀취안넝강디장유(천연 극품 전능 항저 장유)', 찍어 먹거나 뿌려 먹는 데 특화된 '텐란지핀딩지헤이진장유(천연 극품 정급 흑금 장유)' 등도 추천할 만하다. 일식에도 잘 어울린다.

텐란지핀딩지헤이진장유(왼쪽)와 텐란지핀취안넝강디장유(오른쪽). 가져가기 편리한 미니병은 미아 세봉에서 취급하고 있다.

다양하게 활용 가능한 간장

장유가오 醬油膏

상품명	핑커다屛科大 '바오옌장유가오薄鹽醬油膏'
가격	560ml 274NT$
구입처	까르푸家樂福(자러푸), 미아 세봉Mia C'bon 등

채식 상품

'건강한 삶을 위해 고품질의 맛있는 제품을 제공'하는 핑커다의 바오옌장유가오를 추천한다. 저염 타입으로 너무 짜지 않다. 대만의 아침식사인 달걀 크레이프 '단빙蛋餠'과도 잘 어울린다. 무첨가, 무방부제 제품이다.

대만 특유의 조미료인 장유가오(장유고). 걸쭉하고 단맛이 나는 간장으로, 삶은 채소나 두부에 뿌리는 소스로 사용하거나 고기, 달걀, 두부를 익힐 때 넣기도 한다. 이 간장으로 루러우판을 끓이면 윤기가 흘러 맛있게 보인다. 고기를 끓일 때에도 국물이 적당히 걸쭉해지고 고기에 잘 스며드니 집에서도 전문가처럼 완성할 수 있다. 장유가오는 일식에도 사용할 수 있다. 예를 들어 오히타시(채소를 간장에 담가 먹는 반찬)에 쓰기 좋다. 단맛이 있어 한 단계 업그레이드된 맛을 느낄 수 있다.

균형이 잘 잡힌 대만식 칠리 소스

라자오장
辣椒醬

상품명 민성후디라장民生壺底辣醬
가격 70g 60NT$ 등
구입처 미아 세봉Mia C'bon 등
채식 상품

대만에서 자주 사용하는 고추 계열의 조미료가 바로 라자오장이다. 튀긴 음식이나 삶은 고기, 국물 없는 면요리, 물만두 등 모든 음식에 사용할 수 있는 만능 조미료다. 예전에는 지방 제조사의 유명한 라자오장을 추천했는데, 아무래도 너무 달았다. 그래서 맛이 있으면서도 단맛이 적고 고추의 매운맛이 느껴지는 라자오장을 찾아 헤맨 끝에 발견한 것이 바로 이 민성후디라장이다. 짭조름하고 단맛은 아주 적다. 속이 녹색인 콩 칭런헤이더우(88쪽)를 발효시켜서 만들기 때문에 감칠맛이 있다. 니쿠자가(고기감자조림) 등 일식에도 잘 어울린다.

타바스코 소스 크기의 작은 병으로 판매되고 있어 기념품으로도 안성맞춤이다.

뉴러우멘 필수품! 갈색 두반장

천넨더우반장
陳年豆瓣醬

상품명	리런里仁 천넨더우반장陳年豆瓣醬
가격	165g 94NT$
구입처	리런里仁 각 매장

채식 상품

두반장이라고 하면 볶음요리에 사용하는 매콤한 붉은색 조미료를 떠올리는 사람이 많을 것이다. 사실 두반장은 크게 두 가지 종류가 있다. 하나는 우리에게 익숙한 매운맛의 두반장, 다른 하나는 고춧가루를 사용하지 않은 갈색 두반장으로 맛은 핫초미소(누룩을 쓰지 않고 콩만으로 담근 검붉은 미소)에 가깝다.

갈색 두반장(천넨더우반장)은 뉴러우멘을 만들 때 빼놓을 수 없는 조미료이다. 대만에서는 많은 사람들에게 알려져 있다. 두부나 다진 고기를 볶아 맛을 낸 후 면과 섞어 먹는 자장면炸醬麵(한국의 짜장면과 다르다)에도 사용된다. 어린아이들이 먹는 마파두부에도 추천한다.

내가 애용하는 것은 유기농 슈퍼 리런의 천넨더우반장이다. 믿을 만하고, 안전하고, 가격도 저렴하다. 새로운 패키지로 순차적으로 변경 중이다. 사진은 기존 패키지이지만 상품명은 그대로이다.

대만 식당의 필수품

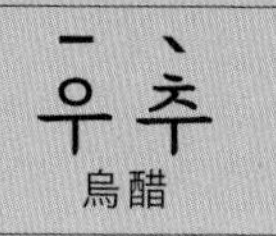

烏醋

상품명	이메이義美 우추烏醋
가격	200ml 75NT$
구입처	이메이식품義美食品 각 매장, 대표매장 진산먼스金山門市

台北市大安區金山南路二段12號

월~토요일 7:00~22:00, 일요일 8:00~22:00

채식 상품

고기를 간장과 설탕으로 짭짤하고 달콤하게 조리할 때 넣으면 향과 풍미가 더해지니 이 또한 추천할 만한 방법이다.

대만에서 '흑초'라고 불리는 것에는 두 가지 종류가 있다. 하나는 일본과 같은 흑초, 다른 하나는 이 우추다. 우추가 흑초로 더 많이 알려져 있는데, 그 맛은 우스터소스에 가깝고 뒷맛은 콜라 같은 느낌이다. 식초라고 하기에는 신맛이 약하고 경우에 따라 인공적인 향으로 느껴지기도 하기 때문에 호불호가 갈리는 조미료라고 할 수 있다. 그중에서도 이메이식품의 우추가 단연 으뜸이다. 과일과 향신료의 향이 살아 있고 신맛도 충분하다. 면요리나 국물요리에 넣으면 단번에 대만다운 맛을 느낄 수 있다.

대만 전통 방식으로 만든 참기름

샹유, 마유

香油, 麻油

상품명	지룽마지마유基隆馬記蔴油 샹유香油, 마유麻油
가격	샹유 230ml 109NT$, 마유 230ml 160NT$
구입처	까르푸家樂福(자러푸), 미아 세봉Mia C'bon

채식 상품

75년 전통의 지룽마지마유 참기름. 대만에서는 검은 참기름을 마유(왼쪽), 흰 참기름을 샹유(오른쪽)라고 부른다. 은은한 향이 나는 샹유부터 사용해보는 걸 추천.

대만 참기름은 일본 참기름과 크게 다르다. 우선 일본 참기름은 검은 참기름과 흰 참기름 모두 백참깨를 사용해 만드는 반면, 대만에서는 검은 참기름에는 검은 참깨, 흰 참기름에는 흰 참깨를 사용한다. 내가 애용하는 것은 전통적인 수세 방식(불린 참깨를 간 페이스트를 물에 섞은 후 떠오른 것의 기름을 짜는 방식)으로 만든 지룽마지마유의 제품이다. 가끔 다른 제조사의 제품을 사용해보기도 하지만, 향이 차이 나서 매번 "역시 참기름은 마지馬記가 아니면 안 된다!"라는 결론에 도달한다.

굴을 사용하지 않는 비건 굴소스

샹구쑤하오유
香菇素蠔油

상품명	핑커다屛科大 샹구쑤하오유香菇素蠔油
가격	300ml 168NT$
구입처	까르푸家樂福(자러푸), 미아 세봉Mia C'bon

채식 상품

냉채에 사용하면 향긋하고 산뜻하게 완성되며, 좀 신선하지 않은 채소의 맛도 되살린다. 비건이 아니어도, 굴 알레르기가 없어도 충분히 좋아할 만한 조미료다.

종교적 이유 등으로 채식주의자가 많은 대만에서는 채식주의자를 위한 조미료도 일반 슈퍼마켓에서 쉽게 구입할 수 있다. 그중에서도 비건 굴소스의 종류는 꽤나 다양하다. 원래 굴소스는 홍콩 지역의 조미료이기 때문에 대만에서 만든 것은 많지 않지만, 채식용은 대만산이 주를 이룬다. 참고로 비건 굴소스의 대부분은 굴 대신 표고버섯을 사용한다. 이 샹구쑤하오유도 마찬가지다. 굴만큼 강렬한 향은 아니지만 은은한 향으로 어떤 재료와도 잘 어울린다.

대만만의 독특한 반찬

포부쯔
破布子

상품명	웨이잉味營 구냥포부쯔古釀破布子
가격	375g 190NT$
구입처	리런里仁, 미아 세봉Mia C'bon

채식 상품

전 세계에서 대만에서만 먹을 수 있는 것으로 알려진 개송양나무의 열매. 새도 먹지 않을 만큼 쓴맛과 떫은맛이 강한 것이 그 이유인데, 대만에서는 오래전부터 대만 원주민과 객가인客家人(하카인, 대륙 중앙에서 남부로 이동한 한족)이 떫은맛을 뺀 이 열매를 소금이나 간장에 절여 먹어왔다. 이것이 널리 퍼져 지금은 식당이나 가정에 없어서는 안 될 필수 조미료가 되었다. 단맛과 은은한 신맛이 있어 흰 쌀밥과 잘 어울린다. 흰살 생선에 뿌려서 쪄먹는 것이 기본 활용법이지만, 채소볶음에도 흔히 넣는다. 그러면 신기하게도 푸른 채소도 맛있는 밥 반찬으로 변신한다!

일반 마트에서 파는 제품은 첨가물이 많은 것이 단점이다. 나는 유기농 마트 등에서 판매하는 웨이잉의 구냥포부쯔를 애용한다.

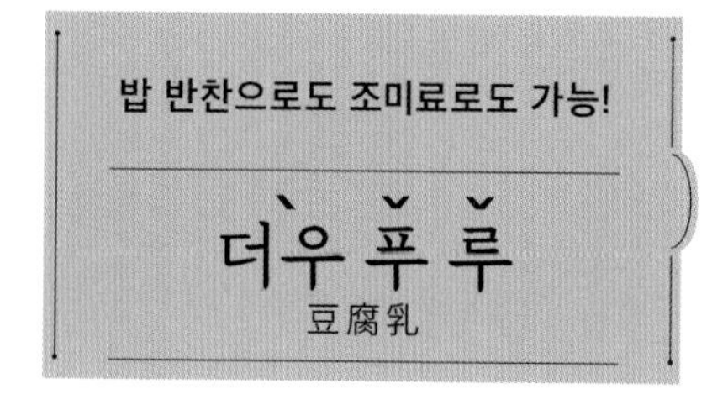

상품명	간바오甘寶 유지위안웨이더우푸루 有機原味豆腐乳
가격	220g 200NT$ 등
구입처	몐화톈棉花田 등

채식 상품

두부를 발효시켜 국물에 담갔다가 다시 발효시킨 것이 더우푸루다. 대만에서는 더우푸루를 그대로 죽에 넣어 먹기도 하고, 닭고기를 볶거나 튀길 때 조미료로 사용하기도 하고, 전골의 양념으로 사용하기도 한다. 대부분은 짠맛이 강해 조미료로는 사용해도 그대로 먹긴 어려운데, 이 더우푸루는 오히려 그대로 먹고 싶어지는 맛. 3대째 이어온 양조업체가 자연 양조 방식으로 대만 특유의 부드러운 맛으로 완성했다. 마요네즈와 함께 채소 스틱에 찍어 먹는 것도 추천한다.

첨가물을 전혀 사용하지 않고 전통 방식으로 양조하는 간바오의 제품. 매콤한 타입의 더우푸루도 인기다.

대만 방식대로! 특별한 오향분

우샹펀

五香粉

상품명	우샹펀五香粉
가격	웨이하오메이味好美(맥코믹) 우샹펀五香粉 28g 49NT$, 샤오모팡小磨坊 눙샹우샹펀濃香五香粉 15g 49NT$
구입처	각 마트

채식 상품

팔각, 후추, 계피, 정향, 회향 등 각종 향신료를 섞어 만든 우샹펀(오향분). 루러우판을 만들 때 필수품으로 잘 알려져 있다. 인터넷으로 구입할 수도 있지만, 대만에 왔으니 대만산으로 구입해보자. 왜냐하면 향신료의 함량이 조금 다르기 때문이다. 참고로 대만 마트에서 흔히 볼 수 있는 샤오모팡이라는 제조사의 제품은 팔각, 계피, 정향, 회향, 고수, 파슬리가 들어 있다. 웨이하오메이는 파슬리 대신 산초와 민감초가 들어간다. 확실히 향이 다르다.

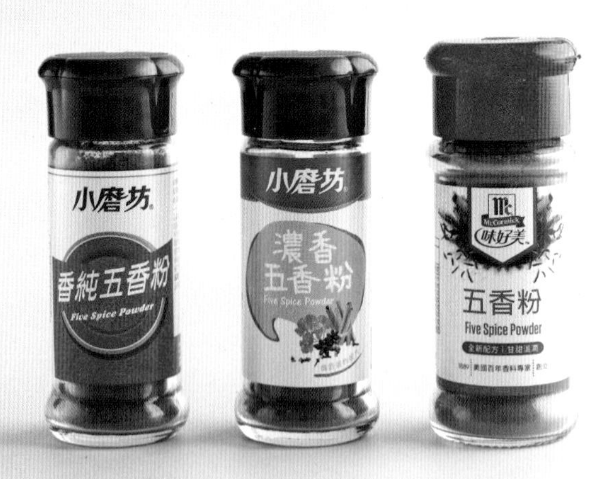

두 업체의 공통점은 오향분이면서 여섯 가지 향신료가 들어 있다는 점이다. 오히려 육향분이라고 불러야 할 제품이다.

대만 조림 요리의 향신료 팩

루바오
滷包

상품명	루바오滷包
가격	5개입 100NT$
구입처	허신썬야오항和新參藥行

台北市大同區迪化街1段188號
월~토요일 10:00~20:00
일요일 10:00~18:00 채식 상품

향신료가 들어간 대만 요리를 만들 때 유용하게 사용할 수 있는 것이 루바오다. 루滷는 맛과 향이 있는 국물로 끓인다는 뜻의 한자이니 조림 요리 전문 팩이라고 할 수 있다. 천으로 만든 봉지 안에 주로 팔각, 계피, 회향, 민감초 등이 들어 있는 경우가 많지만, 배합은 가게에 따라 다양하다. 마트 제품보다 한약재 등을 취급하는 가게의 제품이 향신료 종류도 많고 향도 더 강렬해 추천한다. 건식품 도매상가, 디화제 등에서 몇 군데를 돌아다니며 마음에 드는 제품을 찾아보면 재미있을 것이다.

조림용 돼지고기에 조미료로 양념을 한 뒤 이 루바오를 넣고 끓이면 대만의 가정식 요리로 익숙한 루러우滷肉가 완성된다.

쫀득한 식감을 만들 때 필수품

디과펀
地瓜粉

상품명	치성耆盛 디과펀地瓜粉
가격	400g 85NT$
구입처	취안롄푸리중신全聯福利中心(PX마트)

채식 상품

차이나타운이나 인터넷 쇼핑몰에서는 여전히 디과펀으로 표기된 카사바 가루(타피오카 전분)가 유통되고 있으니 주의해야 한다.

대만 요리에 빼놓을 수 없는 가루가 바로 디과펀이다. 고구마로 만든 전분으로, 음식을 걸쭉하게 만드는 것 외에도 튀김, 떡류, 디저트 등 다양한 요리에 쓰이는 다재다능한 재료이다. 예전에는 값싼 카사바 가루도 디과펀으로 판매되어 같은 용도로 사용되었다. 하지만 식품위생국의 지정에 따라 현재는 카사바 가루(무수펀木薯粉)와 디과펀이 명확히 구분되어 포장지에도 표기되어 있다. 진짜 디과펀으로 만든 튀김옷은 가볍고 잘 눅눅해지지 않는 것이 특징이다. 쫀득쫀득한 요리나 디저트에 사용하면 적당한 탄력과 고급스러운 윤기가 난다.

굴전의 필수 재료, 만능 믹스 파우더

쑤피오아젠펀
酥皮蚵仔煎粉

상품명	위안타이쉬옌元泰碩宴 쑤피오아젠펀 酥皮蚵仔煎粉
가격	300g 55NT$
구입처	취안롄푸리중신全聯福利中心(PX마트)

채식 상품

굴 대신 껍질을 벗긴 새우를 넣어 샤런젠蝦仁煎으로 만들어 먹는 것도 추천한다. 계절을 가리지 않고 먹을 수 있다.

대만 야시장의 명물 요리인 오아젠(대만식 굴전). 굴이 들어간 쫀득쫀득한 오믈렛이라고 하면 이해하기 쉬울까? 샤오츠小吃라고 불리는 대만의 전통 간식 중 하나이다. 이 오아젠을 집에서도 쉽게 만들 수 있도록 타피오카 전분, 옥수수 전분, 밀가루 등을 섞어 만든 가루가 바로 쑤피오아젠펀이다. "간단한데 맛도 있네!" 하며 인터넷에서도 화제가 된 상품이다. 가루를 제외하고 필요한 양념은 소금뿐이라 간편함이 이 제품의 장점이다. 우리 집에서는 교자에 날개를 붙일 때(하네교자)나 감자튀김을 할 때도 사용한다.

참기름 제조, 전통의 현장

유행하는 콜드프레스와 전혀 다르다

압축하여 기름을 짜내는 것이 아니라 페이스트 형태의 참깨를 끓는 물, 식용유와 합쳐서 분리한 후 떠오른 순수한 참기름을 채취한다(산둥山東 수세식 제조법).

마지마유창

馬記麻油廠

70년 이상 산둥 수세식 제조법을 고수하고 있는 참기름 제조업체 마지마유馬記麻油 공장. 지룽基隆과 이란에서 많은 사람들에게 사랑받고 있다.

基隆市信義區東明路17巷22號

8:00~17:00(일요일 휴무)

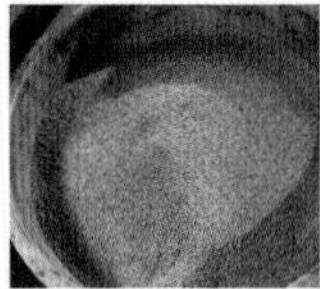

대만에서는 흰 참깨와 검은 참깨를 모두 참기름을 만드는 데 사용한다.

페이스트 상태가 된 참깨와 끓는 물, 식용유를 냄비에 옮겨 넣고 3시간 반 동안 젓는다.

신선한 기름을 합쳐서 수작업으로 병에 담는다.

특제 참깨 페이스트와 좀 더 진한 참기름도 구입할 수 있다.

깨끗이 씻은 참깨를 기계에 넣고 볶는다.

70년 전통의 마지마유. 4대째를 이어오고 있는 루陸 씨(오른쪽)와 셰프 친秦 씨(왼쪽), 판范 씨(가운데).

제4장

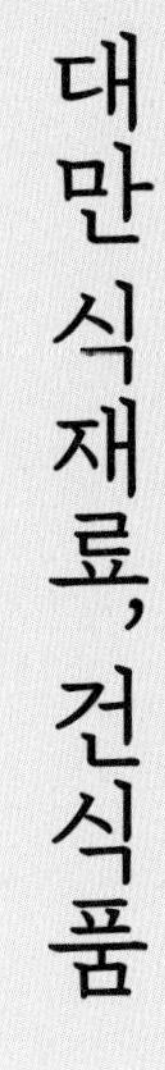

대만 식재료, 건식품

국내에서 쉽게 살 수 없는 대만 식재료를
구할 수 있는 기회

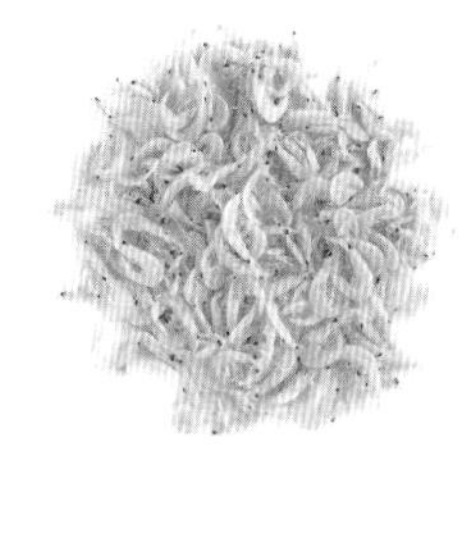

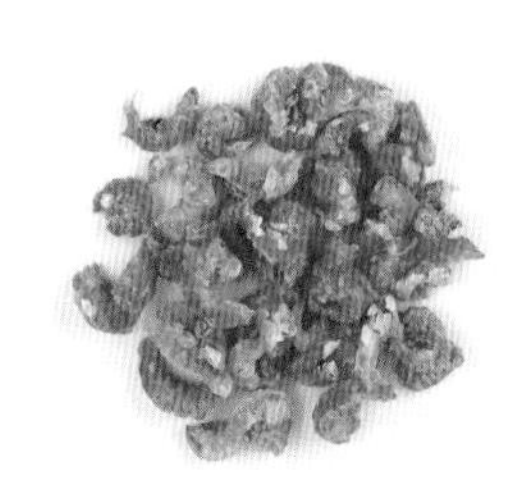

대표 특산품! 육수용 말린 넙치

볜 위 간
扁魚乾

상품명 볜위간扁魚乾
가격 75g 125NT$
구입처 다롄식품大連食品(난먼시장南門市場 내)
台北市中正區羅斯福路一段8號35至38號
7:00~19:00(월요일 휴무) 냉장

대만 식당의 단골 반찬으로 바이차이루白菜滷라는 요리가 있다. '대만식 배추조림'이라고 할 수 있는 이 요리는 흐물흐물한 식감에 진한 건어물 향이 입안 가득 퍼지는 대만의 대표적인 채소 요리 중 하나다. 이 배추찜의 향을 결정짓는 것은 바로 볜위간이라는 넙치류이다. 지금 넙치류라고 썼는데, 원래 대만에서는 넙치, 광어, 가자미 등을 구분하지 않고 모두 볜위扁魚라고 부른다. 말린 상태이기 때문에 육수를 내기 위해서는 한번 가열하여 맛을 응축시키는 것이 포인트. 바이차이루를 만들 때는 대부분 팬에 지지는 방법을 쓴다.

마른 팬에 살짝 구운 후 물을 붓고 약불로 2분 정도 끓이면 일본식 육수가 완성된다.

채소 같은 이름의 말린 홍합

단차이간
淡菜乾

상품명 단차이간淡菜乾
가격 70g 50NT$
구입처 창싱식품상점常興食品商店(난먼시장南門市場 내)
台北市中正區羅斯福路一段8號35至38號
8:00~17:00(월요일 휴무) 냉장

조금 마이너한 건어물이지만 굳이 소개하고 싶은 것이 단차이간이다. '단차이淡菜'라는 글자만 보면 채소처럼 보이지만, 사실은 말린 홍합을 말한다. 단차이간은 중국이나 한국에서 흔히 볼 수 있는 식재료로 대만에서는 마쭈馬祖에서 많이 만들어진다. 국물이 잘 우러나기 때문에 국물요리는 물론 죽이나 밥을 지을 때 넣어도 좋다. 벤위간처럼 그대로 말리지 않고 한번 쪄서 말리기 때문에 이론상으로는 그냥 삶아도 육수가 나오지만, 냄새를 없애고 향을 더 살리려면 물에 불렸다가 생강과 함께 볶은 후 사용하는 것이 효과적이다.

바다의 달걀이라 불릴 만큼 영양이 풍부하고 몸의 열을 내려주는 식재료다. 여름에 더위에 지쳤을 때 국물을 내서 먹어도 좋다.

대만 요리만의 향기

샤미, 샤피
蝦米，蝦皮

상품명	샤미蝦米, 샤피蝦皮
가격	샤미 150g 150NT$ 등, 샤피 100g 50NT$ 등
구입처	난먼시장南門市場, 디화제迪化街 등

냉장

대만 요리의 기본을 순위로 매겨보면 1위는 간장과 설탕, 2위는 말린 새우의 맛, 3위는 향신료와 한약의 향이 아닐까 싶다. 맛을 결정짓는 중요한 역할을 하는 건새우이지만, 기념품으로 구입한다면 샤미(왼쪽)과 샤피(오른쪽)를 추천한다. 샤미는 말린 새우로, 국내 마트에서도 볼 수 있다. 하지만 대만산은 질이 다르다. 특히 젠샤劍蝦라는 새우 종류는 향이 좋고 통통하고 부드러운 것이 특징이다. 샤피는 크릴새우를 말린 것으로 짠맛이 있어 조미료로도 사용할 수 있는 유용한 식재료다.

샤미는 요리하기 전에 가볍게 씻어 소량의 물을 묻혀둔다. 새우껍질은 채소볶음에 넣는 등 그대로 사용할 수 있다.

목이버섯을 산다면 바로 이것!

무얼 木耳

상품명	무얼木耳
가격	헤이무얼黑木耳 200g 120NT$ 등, 인얼銀耳 200g 150NT$ 등
구입처	난먼시장南門市場, 디화제迪化街 등

채식 상품 냉장

목이버섯은 중국 요리의 대표적인 식재료로 꼽힌다. 본고장 대만에서 구입할 수 있는 목이버섯은 크게 세 가지가 있다. 헤이무얼黑木耳(오른쪽), 인얼銀耳(왼쪽 아래), 촨얼川耳(왼쪽 위)이 그것이다. 이 중에서 촨얼은 국내에서도 흔히 볼 수 있는데, 사실 이것은 냉채용이며 대부분 중국산이다. 반면 헤이무얼(흑목이)는 대만산으로 잘게 썰어서 볶음요리에 사용한다. 인얼(백목이)은 디저트에 쓰이며 콜라겐 등 피부에 좋은 성분이 풍부하다. 대만에서 구입한다면 헤이무얼이나 인얼을 추천한다.

※ 목이버섯은 식물류라 검역 대상이므로 입국 시 신고해야 한다.

헤이무얼은 바이베이헤이무얼白背黑木耳이라고 부르기도 한다. 목이버섯은 모두 냉장 보관해야 한다.

레시피 → 176쪽

먹는 드라이플라워!

진전화
金針花

상품명	진전화金針花
가격	100g 150NT$ 등
구입처	난먼시장南門市場, 디화제迪化街 등

채식 상품 | 냉장

매년 여름이 되면 산간 지역에 피어나는 주황색 백합처럼 생긴 꽃이 진전화, 한자를 우리말로 읽으면 금침화다. 한국에서는 원추리라고 부른다. 하루만 지나도 시들어버리는 꽃이지만, 꽃봉오리 상태로 딴 후 쪄서 말리면 식재료로 제2의 삶을 살게 된다. 먹을 때는 물에 살짝 데쳐서 국물이나 볶음요리에 넣는 것이 일반적이다. 은은한 신맛이 감도는 부드러운 맛과 아삭아삭한 식감이 기분 좋게 느껴져 아이들도 좋아한다. 철분 함량이 시금치의 세 배에 달할 만큼 영양가도 높다.

※ 진전화는 식물류로 검역 대상이기에 입국 시 신고해야 한다.

컵에 넣고 끓는 물을 부어 차처럼 마시는 것도 추천한다. 숙면을 유도한다고 알려져 있다.

레시피
→172쪽

대만 약선 요리용 한방 팩

야오 산 바오
藥膳包

상품명 야오산바오藥膳包

가격 야오둔파이구藥燉排骨, 사오주지燒酒雞, 양러우루羊肉爐 각 100NT$

구입처 허신썬야오항和新蔘藥行

台北市大同區迪化街1段188號

월~토요일 10:00~20:00

일요일 10:00~18:00

채식 상품 냉장

음식으로 몸을 다스리는 약선 문화가 발달한 대만. 노점에서 파는 간식에도 한약이 들어간 경우가 많다. 몸에 좋을 뿐만 아니라 맛있기 때문에 언제든 먹고 싶어지는 음식이다. 하지만 국내에서 재현하려고 하면 희귀한 한약재를 구하기가 쉽지 않다. 그래서 기념품으로 구입하면 좋은 것이 바로 이 야오산바오(약선포)다. 각 요리에 사용하는 한약을 가게에서 최적의 밸런스로 배합해 팩으로 포장해준다. 야오산바오와 함께 뼈가 있는 닭고기나 돼지고기를 끓이면 그것만으로 본격적인 대만 요리가 완성된다.

※ 한약재는 식물류로 검역 대상이기에 입국 시 신고해야 한다.

구기자와 팩에 담긴 것을 제외하고는 모두 먼저 깨끗이 씻어 먼지를 제거한 후 사용한다.

껍질을 벗긴 생땅콩과 연꽃 열매

성화성, 롄쯔
生花生，蓮子

상품명 보피성화성剝皮生花生, 롄쯔蓮子
가격 보피성화성 300g 120NT$ 등,
롄쯔 300g 190NT$ 등
구입처 진펑춘상항金豊春商行
台北市大同區迪化街一段145號
9:00~20:00(일요일 휴무)

채식 상품 냉장

대만은 콩과 견과류를 저렴하게 살 수 있는 나라다. 팥이나 검은콩도 저렴하게 구입할 수 있지만, 대만다운 것을 사려면 껍질을 벗긴 생땅콩(보피성화성)과 연꽃 열매(롄쯔)를 추천한다. 달콤하고 부드러운 땅콩은 더우화豆花(부드러운 두부에 달콤한 토핑을 얹은 음식)의 대표 토핑이다. 하지만 이를 만들려면 껍질을 하나하나 벗겨야 하니 꽤 많은 노력이 필요하다. 하지만 이 껍질을 벗긴 생땅콩은 그대로 푹 끓이기만 하면 된다. 연꽃 열매는 콩보다 더 빨리 익고, 바삭바삭한 식감을 즐길 수 있어 추천한다.

※ 성화성과 롄쯔는 식물류로 검역 대상이기에 입국 시 신고해야 한다.

레시피
→176, 178쪽

왼쪽이 성화성, 오른쪽이 롄쯔.
말린 과일이나 견과류, 콩류는
냉장보관이 기본이다.

한천보다 쉽게 만들 수 있는 젤리

아이위쯔
愛玉子

상품명	아이위쯔愛玉子
가격	40g 100NT$ 등
구입처	디화제迪化街 등

채식 상품 냉장

대만의 고유종인 뽕나뭇과 무화과나무속 식물이 바로 아이위쯔다. 씨앗을 물속에서 주무르면 상온에서도 굳을 정도로 풍부한 펙틴이 녹아 나와 젤리가 된다. 이것이 바로 중국 디저트로 흔히 볼 수 있는 아이위쯔의 정체다. 대만에서는 더위를 식혀주는 여름 디저트로 레몬을 곁들인 시럽과 함께 먹는다.

맛있게 만들려면 물에 신경을 쓰는 것이 포인트. 꼭 미네랄워터로 만들어보라. 직접 만든 아이위쯔 젤리는 다음날이면 수축되기 때문에 가급적 빨리 다 먹도록 하자.

※ 아이위쯔는 식물류로 검역 대상이기에 입국 시 신고해야 한다. 다만 재식용 식물(묘목, 종자류 등)이기에 대만에서 검역증을 발급받아야만 가져올 수 있다.

아이위쯔는 더우화나 음료의 토핑으로도 잘 알려져 있다.

레시피 →180쪽

건망고계의 2인자지만 맛은 최고!

진황망궈간
金煌芒果乾

상품명	진황망궈간金煌芒果乾
가격	300g 200NT$ 등
구입처	디화제迪化街의 식품잡화점 등

채식 상품 냉장

디화제 등을 걷다보면 기념품으로 건망고를 추천하는 경우가 많다. 대부분 대만에서 가장 인기 있는 아이원愛文망고(애플망고)를 사용하는 경우가 많지만, 그 그늘에 숨어 있는 진황金煌망고의 존재도 잊어서는 안 된다.

생 진황망고는 많은 사람들이 상상하는 아이원망고와 달리 익어도 노란색을 띤다. 아이원망고보다 세 배 정도 크지만, 물렁물렁해서 식감에서 오는 만족감은 덜하다. 향도 너무 산뜻한 편이라 역시 아이원을 넘을 수 없다고 느껴진다.

하지만 이 진황을 건망고로 만들면 단번에 빛을 발한다. 정말 부드러운 과육은 건조를 통해 단단해져 적당히 쫀득쫀득한 식감을 느낄 수 있다. 상큼한 맛은 새콤달콤한 맛으로 바뀐다. 반면 아이원은 조금 딱딱하고 신맛이 부족하다. 진황이 건망고로는 우세할 것 같지만, 건망고로서도 인기는 2위다. 그 아쉬움을 달래기 위해서라도 다음번에 건망고를 살 때는 진황을 선택해주시길.

매장에 이름이 잘 나오지 않지만, 아이원과 진황을 교배한 품종인 위원망궈玉文芒果의 건망고도 추천한다.

건강에도 미용에도 좋은 검은색 땅콩

헤이진강화성
黑金剛花生

상품명	헤이진강화성黑金剛花生
가격	600g 200NT$ 등
구입처	디화제迪化街, 난먼시장南門市場 등

껍데기를 깨뜨리면 안에서 나오는 것은 자줏빛을 띤 검은색 땅콩. 대만에서 독자적으로 개발한 신품종이라 대만 밖에서는 좀처럼 볼 기회가 없을 것 같다. 조금 놀랄 만한 외형이지만 일반 땅콩보다 향이 좋고 입안에서 부드럽게 씹힌다. 검은 껍질 부분에는 안토시아닌이 풍부하게 함유되어 있어 피부 미용 효과도 기대할 수 있으며, 기름 함량이 일반 땅콩에 비해 30%나 낮아서 건강하게 먹을 수 있는 것도 장점이다. 수확은 초여름과 가을에 이루어진다. 그 시기에는 디화제 등 건식품 가게에서 판매하므로 시식 후 구입할 수 있다.

※ 땅콩은 식물류로 검역 대상이기에 입국 시 신고해야 한다.

헤이진강화성에는 인체에 필요한 여덟 가지 아미노산이 함유되어 있어 생리기능을 조절하고 질병을 예방하는 것으로 알려져 있다.

대만 쌀가루 100%로 만든 면

타이완뤼리미펀
台灣履歷米粉

상품명	100%춘미타이완뤼리미펀100%純米台灣履歷米粉
가격	50g 4개입 110NT$
구입처	무인양품 대형 매장 대표매장 난시먼스南西門市 점

台北市中山區南京西路12號B1F

일~목요일 11:00~21:30, 금~토요일 11:00~22:00

신주新竹의 명물로 잘 알려진 미펀은 물을 부은 쌀을 갈아서 찐 뒤 반죽하여 국수 모양으로 가공한 쌀국수다. 하지만 시중에 판매되는 제품에는 녹두나 감자의 전분이 포함되어 있어 쌀로만 만든 제품은 찾아보기 힘들다. 하지만 이를 판매하는 곳이 바로 대만의 무인양품이다. '양품시장' 시리즈에는 옛날 방식과 똑같은 제조법으로 만든 식재료가 여러 가지 있다. 쌀로만 만든 미펀은 고구마처럼 향과 식감이 부드럽다. 볶으면 뚝뚝 끊어지는데, 이것이 100% 쌀로 만든 미펀이라는 증거다.

호박이나 수수와 함께 볶아도 좋다. 볶는 시간은 2분 이내가 적당하다.

햇볕에 말린 무첨가 건면

관먀오멘
關廟麵

상품명	관먀오멘關廟麵
가격	다오샤오멘刀削麵 100NT$, 라멘拉麵 100NT$
구입처	성펑스핀항勝豐食品行

台北市大同區迪化街一段154號

9:00~19:00(일요일 휴무)

채식 상품

타이난 관먀오구關廟區에서 만든, 햇볕에 말린 면을 관먀오멘이라고 한다. 기후와 기온에 맞춰 정성스럽게 만들어지기 때문에 쫄깃쫄깃한 정도가 다르다.

가는 면, 중간 굵기의 면, 넓은 면 등 다양한 면이 있는데, 내가 좋아하는 면은 넓고 가장자리가 들쭉날쭉한 다오샤오멘刀削麵(도삭면)과 라멘拉麵이다. 라멘은 일본의 라멘과 달리 면을 잡아당겨서 늘린 면이라는 뜻으로, 기본적으로 뉴러우멘에 이 면이 사용된다. 다오샤오멘은 폭과 두께가 있어 잘 늘어나지 않고 면발에 양념이 묻어나는 것이 특징이다.

레시피
→168쪽

관먀오멘은 마트 등에서도 판매하고 있지만 내가 좋아하는 먀오커우관먀오멘廟口關廟麵은 성펑스핀항에서 판매하고 있다.

풍 퍼지지 않는 빨간 소면

훙몐셴
紅麵線

상품명	훙몐셴紅麵線
가격	150NT$
구입처	성펑스핀항勝豐食品行

台北市大同區迪化街一段154號

9:00~19:00(일요일 휴무)

3주 후부터 냉장 보관

대만에는 두 종류의 소면(몐셴麵線)이 있다. 하나는 우리가 아는 하얗고 가느다란 소면으로 국물이 있는 면요리 등에 사용된다. 다른 하나는 대만을 대표하는 간식 다창몐셴大腸麵線과 오아몐셴蚵仔麵線에 사용되는 훙몐셴으로, 삶은 뒤 말린 것이기 때문에 푹 퍼지지 않는다. 마트나 시장에 거의 나오지 않는 희귀한 국수지만 디화제의 성펑스핀항에서 판매하고 있다. 약간 촉촉한 반건조 제품과 완전히 건조한 제품이 있는데, 반건조 제품은 40그릇, 건면은 50그릇을 만들 수 있다.

반건조 제품은 구입 후 3주 정도 지나면 냉장고에 보관해야 한다.

레시피 →174쪽

새로워진 난먼시장

2023년 11월 리뉴얼 오픈!

마치 백화점 지하를 연상케 하는 공간에 전통 식재료와 요리가 즐비하다. 매장 수는 250개 이상.

난먼시장

(남문시장/난먼스창)

南門市場

100년 이상의 역사를 가진 전통시장. 다른 시장에서는 볼 수 없는 떡과 과자 등을 취급하고 있다.

⊙ 台北市中正區羅斯福路一段8號

⊙ 7:00~19:00(월요일 휴무)

시장이 들어선 곳은 12층 높이의 세련된 건물이다.

큰 복숭아 안에 작은 복숭아 모양의 만터우가 여러 개 들어 있다. 축하를 위한 음식.

각지의 건식품과 조미료가 준비되어 있다. 중국 대륙에서 온 희귀한 식재료도 있다.

보기만 해도 군침이 도는 다양한 종류의 반찬.

제5장

마트에서 파는 상품

현지인들이 일상적으로 먹는
아주 맛있는 음식들

계속 손이 가는 바삭한 웨이퍼롤

헤이스푸쥐안신쑤
黑師傅捲心酥

상품명	헤이스푸쥐안신쑤黑師傅捲心酥
가격	400g 198NT$, 280g 128NT$
구입처	마트

고프레처럼 가벼운 반죽으로 만든 스틱 안에 초콜릿이나 크림을 넣은 과자를 쥐안신쑤捲心酥(웨이퍼롤)라고 한다. 이 쥐안신쑤의 대명사가 된 것이 바로 헤이스푸쥐안신쑤다. 진한 초콜릿 필링을 바삭한 반죽이 감싸고 있어 진한 맛이지만 가볍게 먹을 수 있다. 통에 담긴 포장도 훌륭해 테이블 위에 놓아두기에도 안성맞춤이다. 간식을 먹으러 온 가족들과 식탁에서 대화할 기회도 늘어난다. 다만, 너무 맛있기 때문에 대화는 매번 "야, 너무 많이 먹었잖아"로 끝날 수밖에 없다.

바삭함을 유지하기 위해 온도를 조절하고 가능한 한 얇은 반죽을 사용하는 헤이스푸쥐안신쑤. 쿠키와 초콜릿에 익숙한 미국인들에게도 인기가 많다.

아이들이 좋아하는 커피 과자

쿵취쥐안신빙
孔雀捲心餅

상품명	쿵췌쥐안신빙孔雀捲心餅
가격	63g 32NT$ 등
구입처	마트, 편의점

아프리카 대륙 위에 커피 원두 그림이 그려진 포장이 인상적인 쿵췌쥐안신빙 커피맛. 원두의 위치는 아프리카 나이지리아, 카메룬으로 커피 벨트 내이지만 산지로는 다소 마니악하다. 게다가 '웨빙웨하오츠越冰越好吃(차가울수록 맛있다)'라고 적혀 있다. 이해할 수 없다고 생각하면서 시키는 대로 냉동실에 넣었는데, 30분 후 입에 넣으니 '어머, 맛있네'라는 말이 절로 나왔다. 마치 쿠키 샌드 아이스크림처럼 변해버린 것이 아닌가. 이 제품, 사실 출시된 지 50년이 넘은 스테디셀러다. 편의점에서도 흔히 볼 수 있는 단골 과자다.

'웨빙웨하오츠'는 대만 사람이라면 누구나 알고 있는 추억의 광고 문구이기도 하다.

열대과일맛의 대만판 하이츄

하이 주 러 다이 수이 궈

嗨啾熱帶水果

상품명	하이주러다이수이궈嗨啾熱帶水果
가격	110g 34NT$
구입처	취안롄푸리중신全聯福利中心 (PX마트)

편의점에서도 판매하고 있는 대만 하이츄. 개당 15NT$이라는 저렴한 가격에 야쿠르트맛, 패션프루트맛 등 대만 한정판도 있어 선물용으로도 안성맞춤이다.

여기서 소개할 제품은 마트에서만 구입할 수 있는 열대과일맛 팩이다. 대만 과일의 대표라고 할 수 있는 파인애플, 망고, 바나나 맛이 한 봉지에 가득 들어 있다. 각 과일의 맛이 그대로 담겨 평소 사탕을 잘 먹지 않는 사람에게도 추천한다. 특히 망고는 입에 넣었을 때 은은하게 느껴지는 향까지 재현되어 있다.

직장이나 학교 등 많은 사람이 모이는 자리에서는 아시아 음식을 싫어하는 사람이 적지 않다. 하지만 이 하이츄라면 누구에게 주어도 좋아할 것이다.

대만 과일 버전으로 즐기는 드롭스

둬러푸수이궈탕

多樂福水果糖
(타이완터찬수이궈台灣特產水果)

상품명	둬러푸수이궈탕多樂福水果糖 (타이완터찬수이궈台灣特產水果)
가격	180g 60NT$
구입처	까르푸家樂福(자러푸)

대만 한정의 다양한 맛이 있는 모리나가森永 상품. 이 제품은 여러 사람들에게 나눠주기보다는 친한 친구에게 주고 싶은 선물 중 하나다.

일본에서도 친숙한 모리나가 드롭스. 캔에 담겨 있는 모습이 어딘지 모르게 정겹고 사랑스럽다. 그런 모리나가 드롭스 캔의 대만 과일 버전이 바로 이것이다. 과일을 그린 대만의 패키지도 멋지다. 맛은 패션프루트, 망고, 리치, 구아바, 복숭아. "복숭아가 대만 과일?"이라고 생각하는 사람도 있겠지만, 복숭아는 대만의 여름을 대표하는 과일이다. 복숭아 향을 재현한 망고 등이 개발될 정도로 인기가 많다. 들어 있는 드롭스 모두 마치 주스를 마시는 것처럼 처음부터 끝까지 대만의 맛이 느껴진다.

원조보다 더 매력적인 대만의 Lay's

타이 완 레이스
台湾 Lay's

상품명	러스우톈자양위펜하이옌커우웨이 樂事無添加洋芋片海鹽口味
가격	63g 35NT$
구입처	마트

채식 상품

다른 나라에선 비싼 레이스 감자칩이지만 대만에서는 한 봉지에 1500원 조금 넘는 저렴한 가격으로 구입할 수 있다. 대만 레이스는 주양식품久揚食品이라는 회사에서 제조, 판매하고 있으며, 미국 레이스의 맛은 그대로 유지하면서 대만만의 다양한 맛을 선보이고 있다. 그런 대만 레이스 중에서도 내가 자주 구입하는 것은 '쯔란메이웨이自然美味'라는 시리즈의 무첨가(우톈자無添加) 천일염맛(하이옌커우웨이海鹽口味)이다. 미국 레이스의 천일염맛보다 소금 함량이 낮고, 올리브오일로 튀겨서 감자 본연의 맛을 제대로 느낄 수 있다.

포장에 송이버섯이 그려져 있는 송이버섯 소금맛은 먹어보니 송로버섯(트러플)맛이었다. 성분표에도 '흑송로버섯가루黑松露粉'라고 적혀 있다. 맛있지만 송이버섯은 아니다.

파가 들어간 대만 크래커

쯔란노옌

自然の顔

상품명	쯔란노옌自然の顔 수차이쑤다빙蔬菜蘇打餅
가격	120g 36NT$부터
구입처	마트, 편의점

채식 상품

마트나 편의점에서 흔히 볼 수 있는 쯔란노옌, '자연의 얼굴'. 중간에 들어간 일본어 글자 '노の'가 신경 쓰이지만, 대만에서는 기본 중의 기본인 유명 크래커다.

파가 뿌려져 있는 것이 특징이며, 그 고소한 향이 입맛을 돋운다. 아이부터 어른까지 많은 사람들에게 사랑받는 소박한 맛이 매력적이다. 어떤 식재료와 같이 먹어도 잘 어울려서 다양하게 응용할 수 있는 것도 장점이다. 대만에서 먹는 방법 중 땅콩버터나 마이야탕麦芽飴(물엿)을 발라 먹거나 치즈를 끼워 튀겨 먹는 것을 추천한다. 물론 그대로 먹는 것도 좋다.

마시멜로를 녹여 연유 등을 넣은 것을 쯔란노옌 사이에 끼워넣으면 누가 크래커(22쪽)가 완성된다.

55년의 역사를 자랑하는 과자

과이 과이
乖乖

상품명	과이과이乖乖
가격	440g 19NT$, 52g 24NT$, 80g 43NT$
구입처	마트, 편의점

착한 아이라는 뜻의 중국어 '과이과이'가 상품명인 스낵이다. 가벼운 식감이어서 일단 먹기 시작하면 순식간에 사라져버린다. 대만에서는 전자기기 위에 과이과이를 올려놓으면 잘 작동한다는 미신이 있어 많은 사람들이 진지하게 실천하고 있다. 단, 주의할 점이 있다. 녹색이 아닌 포장지의 과이과이를 사용해서는 안 된다. 왜냐하면 노란색이나 빨간색은 경고색이기 때문이다. 우리 집 근처 파출소에서는 입구의 모니터에 확실하게 녹색을 두었다.

기계 위에 놓아둔 과이과이는 유통기한이 지나면 효력을 잃게 되므로 음력 7월과 춘절(설날)에 새것으로 교체한다.

아이들에게 인기 최고!

차오 페이 쓰
巧菲斯

상품명	차오페이쓰巧菲斯
가격	150g 59NT$부터
구입처	마트, 편의점

마트에서 아이가 "엄마 빨리 가요. 집에 가고 싶어!"라고 떼쓸 때 아이를 달래줄 수 있는 과자를 몇 가지 머릿속에 저장해두었는데, 그중 하나가 바로 이 차오페이쓰다. 대만에서 인기 있는 웨이퍼(웨하스) 과자 중 하나로, 달콤하고 진한 초콜릿 코팅이 아이들의 마음을 사로잡는다. 기본은 크림맛이지만, 소금 캐러멜맛과 딸기맛도 인기다. 크림이 웨이퍼 안에 층층이 들어 있고, 이것이 초콜릿과 섞이면 밀크초코, 캐러멜초코, 딸기초코가 되어 매우 즐겁다. 편의점에서는 낱개로 구입할 수 있다.

이 과자를 만드는 곳은 '77'이라는 회사다. 초콜릿 과자는 이곳이 단연 최고다.

거위기름으로 만든 건강한 비빔면

어유자오마반멘

鵝油椒麻拌麵

상품명	다쥐장런大拙匠人 어유자오마반 鵝油椒麻拌麵
가격	3봉입 227NT$
구입처	미아 세봉Mia C'bon

잘 알려지지 않은 대만의 식용유 중 하나는 바로 '거위기름鵝油(어유)'일 것이다. 라드나 닭기름의 거위 버전이지만 불포화지방산 함량이 80%에 가까워 올리브유와 유사한 성분을 가진 것으로 알려진 건강 기름이다. 그런 거위기름을 사용한 비빔면이 다쥐장런의 어유자오마반멘이다. 전통 간장 제조업체인 완좡丸莊의 숙성 간장을 베이스로 파, 산초의 향과 고추기름의 매운맛을 가미한 심플한 비빔면이다. 함께 제공되는 면은 튀기지 않았으면서 식감이 쫄깃쫄깃하다. 넓적하고 가장자리가 들쭉날쭉해서 거위기름이나 양념과 잘 어울린다.

※ 육류 성분이 들어간 제품으로 현지에서 즐겨보자.

토핑은 파 또는 삶은 채소만 얹는 등 간단하게 하는 것을 추천한다.

술이 들어간 성인용 면

마유지멘
麻油雞麵

화댜오지멘
花雕雞麵

상품명	타이주멘台酒麵 마유지다이멘麻油雞袋麵, 화댜오지다이멘花雕雞袋麵
가격	200g X 3봉 140NT$
구입처	취안롄푸리중신全聯福利中心(PX마트)

대만 최대 주류 제조업체인 타이완옌주台灣菸酒가 만드는 인스턴트면. 마유지멘에는 대만의 요리술로 빼놓을 수 없는 미주米酒(쌀로 만든 증류주)가, 화댜오지멘에는 화댜오주(花雕酒, 사오싱주紹興酒를 숙성시킨 술)가 사용된다. 아니, 사용하는 것이 아니라 술도 함께 제공된다. 술을 좋아하는 사람은 면이 다 익은 후, 술 한 방울을 떨어뜨리면 향이 코끝에 스며드니 최고다. 술을 싫어하는 사람은 요리할 때 적당량을 넣고 끓는 물 등으로 알코올을 날려버리면 더욱 맛있게 먹을 수 있다.

※ 닭고기가 들어간 제품으로 현지에서 즐겨보자.

냄비에 끓여 먹으면 맛이 잘 배어들고, 용기 제품은 깔끔하게 먹을 수 있다. 재료인 닭고기도 함께 제공되는 점이 좋다.

고기 건더기가 킥인 컵라면

웨이 웨이 이 핀
味味一品

상품명	웨이단味丹 웨이웨이이핀味味一品
가격	185g 60NT$
구입처	마트, 편의점

대만다운 컵라면으로 웨이웨이이핀을 추천한다. 두툼한 진짜 소고기가 레토르트 형태로 들어 있다. 기본적인 대만의 고전 뉴러우멘을 먹어보면 알겠지만, 컵라면임에도 불구하고 국물에 소뼈가 제대로 들어가서 진짜 소고기 국물 맛이 난다. 면발도 가게에서 사용하는 라멘의 식감에 가깝고 국물이 적당히 스며 있다. 뉴러우멘 중심의 라인업 중 특히 눈에 띄는 것은 마라처우더우푸멘麻辣臭豆腐麵이라는 매콤하게 끓인 마라 초두부가 들어간 면이다. 이 메뉴는 무려 레토르트 초두부가 들어 있다. 게다가 냄새도 제대로다! 뉴러우멘과 함께 꼭 먹어보자. ※ 소고기가 들어간 제품은 국내 반입이 금지되어 있다. 현지에서 즐겨보자.

대만에서 40년 동안 인기를 끌고 있는 웨이웨이이핀. 우지(소기름)로 볶은 고추의 매운맛이 돋보이는 지핀훙사오뉴러우멘極品紅燒牛肉麵도 추천한다.

견과류가 들어 있는 매콤 국수

장궈라잔멘
堅果辣沾麵

상품명	잔멘詹麵–장궈라잔멘堅果辣沾麵
가격	3팩 198NT$ 등
구입처	까르푸家樂福(자러푸), 미아 세봉Mia C'bon 등

종류가 다양해 압도적인 대만의 인스턴트면. 그중에서도 이색적인 것은 대만의 유명 셰프 잔무스詹姆士(제임스)가 감수한 차가운 면 장궈라잔멘이다. 원래 대만 사람들은 차가운 면을 먹는 습관이 없고 대만에 진출한 일본 체인 식당인 마루가메제면丸亀製麵 메뉴에도 따뜻한 면만 있다. 그럼에도 불구하고 이 면이 인기를 끄는 이유는 쓰촨의 맛과 일본의 맛을 조합한 양념장에 있다. 다시 간장에 양질의 아몬드 페이스트와 고추기름을 섞은 양념은 향긋하고 매콤하며 한번 먹으면 중독될 만큼 강한 맛이다. 먹는 방법도 소면과 같아서 일본인들에게도 인기가 많다.

일본 유학 경험을 통해 일본인의 감성에 깊은 영향을 받았다는 잔무스 씨가 감수한 '잔멘 시리즈'.

정성스럽게 볶은, 속이 녹색인 검은콩

훙 베이 헤이 더우
烘焙黑豆

상품명	훙베이헤이더우烘焙黑豆
가격	180g 159NT$
구입처	몐화톈棉花田 각 매장

대만의 검은콩은 두 가지 종류가 있는데, 하나는 얇은 껍질 안이 하얀색인 검은콩, 다른 하나는 얇은 껍질 안이 녹색인 칭런헤이더우青仁黑豆이다. 하얀색 콩은 된장이나 간장을 만들 때 사용하고, 칭런헤이더우는 요리에 많이 쓰이는데 향이 더 좋고 가격도 더 비싸다. 칭런헤이더우를 정성껏 볶아낸 것을 유기농 마트 몐화톈에서 구입할 수 있다. 향긋함과 은은한 단맛을 느낄 수 있도록 약간의 바닷소금으로만 간을 한다. 건강식을 좋아하는 친구들 사이에서 특히 인기 있는 제품이다.

뜨거운 물을 부어 검은콩 차로 즐기거나 콩밥을 지어 먹을 수도 있다.

출출할 때 흑임자와 얌을 한 잔으로

산 야오 헤이 즈 마 후

山藥黑芝麻糊

상품명	마위산馬玉山 산야오헤이즈마후 山藥黑芝麻糊
가격	30g×12입 119NT$
구입처	취안롄푸리중신全聯福利中心(PX마트)

채식 상품

대만은 분말을 녹여 마시는 음료가 다양하다. 마트에는 여러 종류의 성인용 분유가 진열되어 있고, 철분 함유, 비타민 함유 등 종류도 다양하다. 밀크티나 카페라테도 뜨거운 물에 녹여 마실 수 있는 제품이 많다.

그중에서도 추천하는 것은 건강에 좋은 견과류 음료다. 이것도 뜨거운 물이나 우유를 부으면 바로 마실 수 있는 인스턴트이지만 재료 본연의 맛이 담긴 소박한 맛을 느낄 수 있다. 끓는 물에 녹이면 걸쭉해지기 때문에 포만감이 있어 아침 식사 대용으로도 좋다. 여러 업체가 있지만, 첨가물을 사용하지 않는 마위산 제품을 추천한다.

1회분씩 개별 포장되어 있어 휴대가 편리하다. 직장에서도 간편하게 마실 수 있어서 좋다.

감칠맛이 필요할 땐 이것!

쏸터우쑤, 유충쑤

蒜頭酥, 油蔥酥

상품명	치성耆盛 쏸터우쑤蒜頭酥, 유충쑤油蔥酥
가격	각 150g 쏸터우쑤蒜頭酥 43NT$, 유충쑤油蔥酥 37NT$
구입처	취안롄푸리중신全聯福利中心(PX마트)

튀긴 양파는 요리에 넣으면 쉽게 감칠맛을 낼 수 있는 편리한 식재료다. 마늘 버전이 쏸터우쑤이고 샬롯 버전이 유충쑤다. 두 가지 모두 국물요리에 뿌려 먹거나 조림요리에도 사용된다. 루러우판을 직접 만들 때도 유충쑤를 넣으면 한층 더 고급스러운 맛을 낼 수 있다. 대만 요리 외에도 나는 다진 마늘이 필요할 때 쏸터우쑤를 사용한다. 예를 들어 파스타 소스를 만들 때 쓴다. 마늘을 다지고 볶는 과정을 생략하고 냄비에 올리브유와 토마토 통조림, 쏸터우쑤를 넣고 끓이면 완성된다.

이제 내게는 빼놓을 수 없는 간편 요리 재료가 되었지만,
맛이 떨어지기는커녕 오히려 더 맛있게 완성된다.

대만에서 숙취로 괴롭다면

셴징
蜆精

상품명	타이탕臺糖 셴징蜆精
가격	62ml 43NT$
구입처	마트, 편의점

애주가에게 선물하면 반드시 기뻐하는 것이 바로 이 셴징이다. 대만판 바지락 국물이라고 할 수 있는 이 음료는 바지락 육수에 바질 향을 낸 음료다. 대만에서는 조개류와 바질은 단골 조합이다. 바질의 상큼함이 조개의 비린내를 잡아주어 맛있게 먹을 수 있다.
대만에서 셴징은 자양강장, 신진대사 촉진 등에 효과가 있는 영양음료이다. 또한 피부 미용과 미백에도 효과적이라고 알려져 있다. 물론 간 기능을 유지하고 간의 신진대사와 해독을 돕는 효능도 있으니 여행 중 술을 마실 일이 있다면 꼭 한번 마셔보길 추천한다.

마시기 힘들 때는 소금을 조금 넣어보라.
바로 마실 수 있게 된다.

목 아플 때 효과가 바로!

피파가오
枇杷膏

상품명	징두녠츠안京都念慈菴 칭룬우탕피파가오쑤이선바오清潤無糖枇杷膏隨身包
가격	4봉입 62NT$
구입처	마트, 편의점

비파(피파) 잎, 패모, 길경, 꿀 등이 들어간 시럽을 피파가오라고 한다. 목의 통증이나 기침을 완화하는 한방 약 중 하나로, 기념품으로는 목캔디나 소프트 캔디 타입이 유명하다. 하지만 효과를 기대한다면 시럽 타입을 추천한다. 즉각적인 효과와 지속력이 다르다.
코로나19 이후 사람들 앞에서 기침을 하기 꺼리는데, 편의점이나 마트에서 쉽게 구입할 수 있어 큰 도움이 된다. 드럭스토어 왓슨스Watsons의 대형 매장에서는 어린이용도 판매하고 있다.

목이 불편할 때 봉지를 잘라 입안에 넣으면 목의 불편함을 단번에 해소할 수 있다.

생리 후 영양 보충이 필요할 때

미렌쓰우
蜜煉四物

상품명	징두녠츠안京都念慈菴 미렌쓰우蜜煉四物
가격	8봉입 140NT$ 등
구입처	취안롄푸리중신全聯福利中心(PX마트)

대만 여성들은 생리가 끝나면 쓰우탕四物湯(사물탕)이라는 네 종의 한약재와 닭고기 국물을 4~5일 연속으로 마신다. 철분을 보충하고 호르몬 균형을 맞추는 효과가 있다고 알려져 있다. 나도 한동안 쓰우탕을 만들어 마셨는데 닭을 삶아야 하기 때문에 매달 마시기에는 꽤나 힘들었다.

좀 더 간편하게 마시고 싶다고 생각하던 차에 만난 것이 바로 이 미렌쓰우다. 작은 봉지 안에 시럽 형태로 농축된 쓰우탕이 들어 있다. 하루에 한 봉지씩만 마시면 되는데 자연스러운 단맛이라 마시기 편한 점도 마음에 든다.

당귀, 천궁, 숙지황, 작약 등 미용 효과가 높은 한약재를 바탕으로 블렌딩했다.

대만의 다양한 마트

특징을 파악하면 쇼핑이 더욱 편리해진다!

취안롄푸리중신全聯福利中心

저렴하고 다양한 상품이 매력적인 로컬 마트. 대만 전역에 1천 개 이상의 점포가 있다. 대만 현지 카드만 사용 가능하다. 취안롄全聯이라고 줄여서 부르는 것이 일반적이다. (한국에서는 영어 이름인 'PX마트'라고 알려져 있다.)

까르푸家樂福(자러푸)

스포츠용품과 생활용품까지 취급하는 대형 마트. 음식점 등도 입점해 있다.

까르푸家樂福(자러푸) 차오지차오스超級超市

식품 중심의 미니 까르푸. 홈브랜드의 가성비가 높아 인기.

미아 세봉Mia C'bon

고급을 지향하는 마트. 엄선된 조미료와 과자류도 많고 세련된 상품이 많다.

다룬파大潤發

신선식품이 좋고 저렴하며 주류가 풍부한 대형 마트.

리런里仁

대만 1위의 매장 수를 자랑하는 유기농 마트. 자사 제품도 많아 믿을 수 있다.

몐화톈棉花田

양질의 유기농 식품을 모아놓은 편집숍.

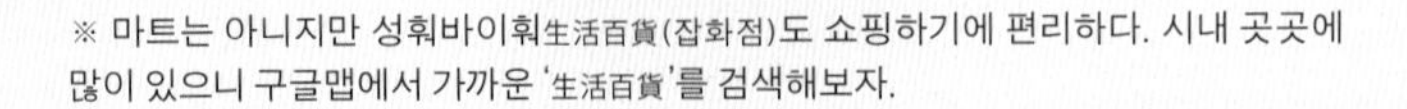

※ 마트는 아니지만 성훠바이훠生活百貨(잡화점)도 쇼핑하기에 편리하다. 시내 곳곳에 많이 있으니 구글맵에서 가까운 '生活百貨'를 검색해보자.

제6장

편의점에서 파는 상품

대만 편의점의 맛있는 상품을 모았다

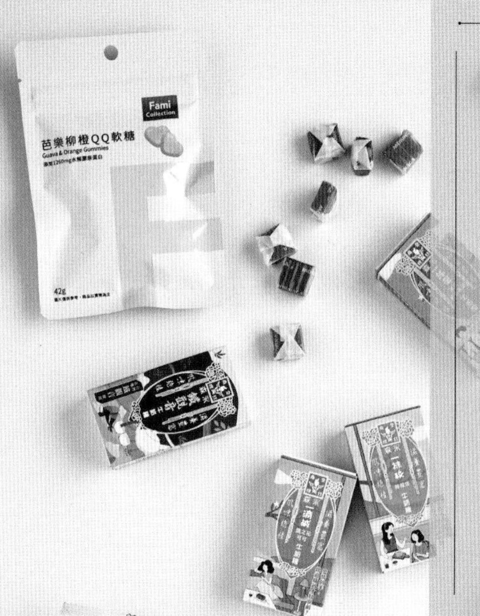

강력한 신맛! 말린 청망고

칭런궈간
情人果乾

상품명	칭런궈간情人果乾
가격	30g 45NT$
구입처	하이라이프Hi-Life 라이얼푸차오상萊爾富超商

국내에서는 쉽게 구할 수 없는 말린 과일이 칭런궈간이다. 망궈칭芒果青이라는 청망고를 설탕에 절여 말린 것으로, 토착 품종인 투망궈土芒果를 사용하는 것이 일반적이다. 일반 건망고보다 신맛이 강해 자꾸만 먹게 되는데 편의점에서 파는 것은 크기가 작아 적당한 크기로 잘라 먹을 수 있다. 그중에서도 하이라이프Hi-Life(라이얼푸萊爾富)에서 판매하는 타이취안식품泰泉食品의 칭런궈간 망고를 추천한다. 무색소, 무방부제로 청망고의 신맛을 제대로 느낄 수 있는 제품이다.

망고는 가로수로도 인기가 많은데, 5월 중순쯤이면 길가에서 열매를 맺는 망고를 볼 수 있다.

모리나가의 대만 한정판 캐러멜

런성쯔웨이뉴나이탕
人生滋味牛奶糖

상품명
융런성쯔웨이뉴나이탕
森永人生滋味牛奶糖

가격
소금 초콜릿맛(옌즈화커커커우웨이鹽之花可可口味) 22NT$
딸기 커스터드맛(차오메이카스다커우웨이草莓卡士達口味) 22NT$
크렘브륄레맛(파스자오탕부레이커우웨이法式焦糖布蕾口味) 22NT$
레몬 타르트맛(닝멍타커우웨이檸檬塔口味) 22NT$

구입처 세븐일레븐7-ELEVEN

모든 종류를 다 사고 싶을 정도로 포장이 귀여운 대만 세븐일레븐 한정판 모리나가 밀크 캐러멜. 맛은 크렘브륄레, 딸기 커스터드, 레몬 타르트, 소금 초콜릿으로 구성되어 있다.
대만 느낌이 없는 것 같지만, 사실 모두 현지에서 인기 있는 디저트다. 크렘브륄레와 레몬 타르트는 많은 카페에 있는 단골 메뉴이며, 딸기 디저트도 많은 사랑을 받고 있다. 소금 초콜릿처럼 단맛과 짠맛이 공존하는 과자도 대만에서는 종류가 다양하다. 현지인들을 위한 라인업이 꽤 흥미롭다.

패밀리마트全家(취안자)에는 대만식 철관음맛(18NT$)도 있다.

150년이 넘은 중국식 과자점의 쿠키

샤우차쑤이서우바오
下午茶隨手包

상품명 샤우차쑤이서우바오下午茶隨手包

가격

궈위안이 차오커리센커커쑤郭元益巧克力餡可可酥 35NT$, 궈위안이 원취안옌나이유취치郭元益溫泉鹽奶油曲奇 30NT$, 궈위안이 후뎨첸청파이郭元益蝴蝶千層派 25NT$, 궈위안이 솽베이치사부러빙간郭元益雙倍起莎布蕾餅乾 30NT$

구입처 세븐일레븐7-ELEVEN

'창업 50년 이상, 현재 3대째'인 가게는 간혹 볼 수 있지만 '올해로 창립 157년'이라는 말은 좀처럼 듣기 힘들다. 그런 역사가 있는 노포 중의 노포인 중국 제과업체 궈위안이郭元益에는 세븐일레븐에서만 판매하는 네 종류의 구움과자가 있다. 쇼트브레드, 초콜릿 샌드, 밀푀유 파이, 치즈 사브레 모두 양과자라니 의외다. 내가 가장 추천하는 것은 단연 더블 초콜릿 샌드(차오커리센커커쑤巧克力餡可可酥)이다. 버터의 부드러운 향과 코코아의 쌉싸름한 맛이 절묘하게 어우러져 백화점 지하 식품관에 있는 쿠키 수준의 맛이다.

30~44g의 먹기 좋은 작은 사이즈라서 나눠 먹기 좋은 선물로 안성맞춤이다. 모두 버터와 치즈의 향이 진하다.

얇고 가벼운 식감의 우유맛 비스킷

셴나이화푸나이유추이빙
鮮奶華芙奶油脆餅

상품명	셴나이화푸나이유추이빙鮮奶華芙奶油脆餅
가격	48g 49NT$
구입처	패밀리마트全家(취안자)

대만의 유명 우유 브랜드 셴루팡鮮乳坊의 우유와 생크림을 사용한 패밀리마트의 오리지널 쿠키. 전 과정에서 물은 한 방울도 넣지 않고 생산해 봉지를 여는 순간 부드럽고 진한 우유의 향이 풍겨온다. 버터 비스킷 파이(셴루진좐파이鮮乳金磚派), 메이플 파이(펑예첸청파이楓葉千層派) 등 여러 가지 종류가 있지만, 내가 추천하는 것은 와플쿠키인 셴나이화푸나이유추이빙이다. 대만의 전통 쿠키인 거쯔빙格子餅과 모양과 맛이 비슷하지만 얇고 가벼워 먹기 편한 것이 장점이다. 첨가물을 넣지 않아 아이들 간식으로도 안성맞춤이다.

비건, 무첨가 등 '음식'에 대한 건강 의식에 부응하는 제품을 만드는 대만 패밀리마트의 오리지널 브랜드.

국수를 튀긴 듯한 전통 과자

사치마
沙琪瑪

상품명	워먼더구짜오샹我們的古早香 사치마沙琪瑪
가격	헤이탕사치마黑糖沙琪瑪 25NT$, 지단사치마雞蛋沙琪瑪 25NT$
구입처	하이라이프Hi-Life 라이얼푸차오상萊爾富超商

밀가루와 달걀, 베이킹소다 등을 섞은 반죽을 국수 모양으로 잘라 튀긴 후 시럽으로 굳힌 과자가 사치마다. 겉모습과 달리 입에 넣었을 때 부드러운 식감이라 새롭다. 마트 등에서 파는 사치마는 주로 큰 봉지에 담긴 것이 대부분이지만, 대만 현지 편의점인 하이라이프의 오리지널 제품은 한 조각부터 살 수 있다. 사치마는 맛있지만 튀긴 과자여서 한 번에 많이 먹을 수는 없기 때문에 소량으로 판매되는 것이 매우 좋다. 전통 과자의 맛을 즐겨보자.

부드러운 단맛의 달걀과
진한 흑설탕의 조화.

대만 한정 상품 구아바 구미

바러류청QQ롼탕
芭樂柳橙QQ軟糖

상품명	바러류청QQ롼탕 芭樂柳橙QQ軟糖
가격	45NT$
구입처	패밀리마트全家(취안자)

대만의 과일이라고 하면 리치와 망고를 떠올리기 쉽지만, 구아바의 존재도 빼놓을 수 없다. 적당한 단맛과 상큼한 향이 매력적인 구아바는 주스 가게에서 오렌지나 레몬과 함께 마시는 단골 음료의 재료이기도 하다. 그런 주스 가게의 주스를 구미로 만든 곳이 바로 대만의 패밀리마트다. 천연 과즙뿐만 아니라 콜라겐, 비타민C도 함유되어 있어 미용적인 측면에서도 인기가 높다. 대만 패밀리마트의 오리지널 제품은 클린 라벨 인증을 통과한 원료를 사용했다. 방부제를 넣지 않아 안심할 수 있다.

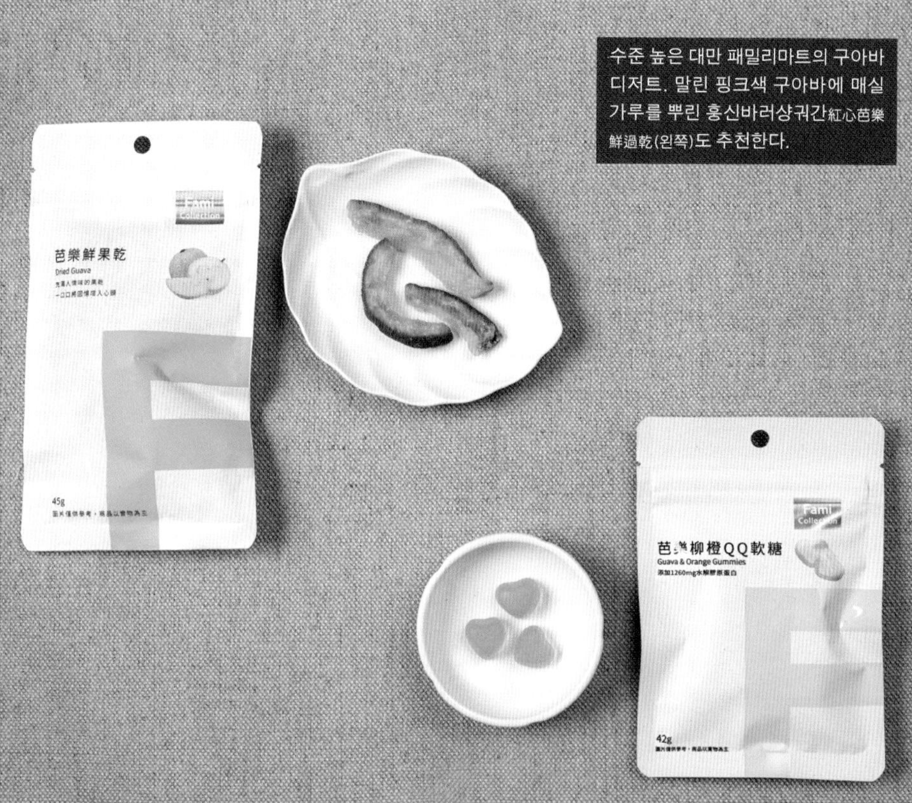

수준 높은 대만 패밀리마트의 구아바 디저트. 말린 핑크색 구아바에 매실 가루를 뿌린 훙신바러샹궈간紅心芭樂鮮過乾(왼쪽)도 추천한다.

대만에만 있는 한방 영양음료

한팡터댜오시례
漢方特調系列

상품명	순텐번차오順天本草 한팡터댜오시례 漢方特調系列
가격	200ml 49NT$
구입처	세븐일레븐7-ELEVEN

대만에서 구입할 수 있는 영양음료는 한방이나 약선 요리를 응용한 것이 많다. 직접 끓이거나 조리할 시간이 없을 때 편의점에서 구입할 수 있어 편리하다. 특히 세븐일레븐에서 판매하는 순텐번차오의 한팡터댜오시례(한방 특조 시리즈)는 종류가 다양해 목적에 따라 구매할 수 있다. 몸 상태뿐만 아니라 기분에도 효과가 있는 것이 많은데, 예를 들어 '하오멘인好眠飲(보라색)'은 긴장을 풀고 싶을 때, 생각이 많을 때 좋다. '량옌인亮妍飲(빨간색)'은 자신을 돌볼 시간이 없을 때, 기분이 좋지 않을 때 등에 효과가 있다고 한다. 모두 무첨가물이며 단맛이 적은 것이 장점이다.

'구이링인龜苓飲(검은색)'은 기온이 올라갔을 때, '룬허우인潤喉飲(파란색)'은 목의 컨디션을 조절하고 싶을 때, '핑거우인蘋枸飲(초록색)'은 밤을 새웠을 때, '광량인光亮飲(노란색)'은 공부할 때 추천한다.

편의점에서의 이색 문화 체험

매장 전체가 캐릭터로 가득!

2023년 말 오픈한 세븐일레븐 울트라맨 매장. 팝업이 아닌 상설 매장이다.

주티차오상

主題超商

캐릭터, 애니메이션, 브랜드 등과 컬래버레이션한 편의점. 세븐일레븐은 대만에 100개의 주티차오상을 운영하고 있다.

테마 관련 오리지널 아이템도 구매할 수 있다.

캐릭터로 통일된 인테리어에 설렘이 멈추지 않는다.

취식 공간의 테이블과 의자도 캐릭터가 반영되어 있다.

하이네켄 매장의 취식 공간은 세련된 바처럼 보인다.

제7장

대만의 음료들

음료의 천국 대만이기에 가져가고 싶은
차와 술이 있다

홍차처럼 붉고 화려한 우롱차

훙우룽
紅烏龍

상품명 훙우룽싼자오차바오紅烏龍三角茶包
가격 3g 12팩 300NT$
구입처 선눙성훠청핀神農生活誠品 난시南西점
台北市中山區南京西路14號4樓
일~목요일 11:00~22:00
금~토요일 11:00~22:30

훙우룽은 2008년 판매를 시작한 새로운 타입의 대만 우롱차다. 찻잎을 80%에서 90%까지 발효시켜 완전 발효 홍차에 가까운 색과 향을 즐길 수 있다.
훙우룽을 전문적으로 취급하는 차 농장이 타이둥현 루예에 있는 린왕즈차창林旺製茶廠이다. 식물성 유기질 비료 등을 사용해 재배한 유기농 훙우룽을 고집하며 재배와 가공을 하고 있다. 안심과 안전에 중점을 두어 ISO22000 인증도 획득했다. 소비자의 건강을 중요시하는 린왕의 마음이 담긴 차는 쓴맛이 적고 꽃향기가 나는 것이 특징이다.

아이를 키우듯 정성을 다해
정성껏 키운 찻잎을 간편하게
티백에 담았다.

부담 없이 마시기 좋은 차

진 쉬안 차
金萱茶

상품명	진쉬안차金萱茶
가격	찻잎의 등급에 따라 다르다. 너무 싼 차 중에는 향료가 들어간 차도 있으니 주의하자.
구입처	각 찻집

타이완의 차 중에서도 내가 가장 좋아하는 차는 진쉬안차(금훤차)다. 1980년대에 개발된 타이완에서만 볼 수 있는 차로, 우유처럼 달콤한 향이 특징이다. 부드러운 향과 깔끔한 맛으로 기분 좋게 마실 수 있는 차라고 생각하면 될 것 같다. 또한 진쉬안차는 성장 속도가 빠르고 짧은 주기로 재배할 수 있어 다른 찻잎에 비해 가격이 저렴한 것도 장점이다.
내가 마시는 방법은 매우 간단하다. 찻잎을 머그잔에 직접 넣고 뜨거운 물을 부은 후 찻잎이 담긴 채로 마신다. 그래도 괜찮다. 타이완에서는 이런 식으로 마시는 사람이 꽤 많다.

진쉬안차에 금목서를 더한 구이화진쉬안차桂花金萱茶도 향이 화려해 추천한다.

쓴맛이 적고 향기로운 고급 차

둥딩우룽차
凍頂烏龍茶

상품명	둥딩우룽차凍頂烏龍茶
가격	300g 330~1000NT$(찻잎 등급에 따라 다름)
구입처	타이베이다다오청유지밍차(Wang Tea Lab) 台北大稻埕有記名茶

台北市重慶北路2段64巷26號

9:00~18:00(일요일 휴무)

107쪽에서는 일상에서 편하게 마실 수 있는 차로 진쉬안차를 추천했다. 여기서는 여유롭게 향을 즐기고 싶을 때 좋은 차로 둥딩우룽차(동정오룡차)를 소개한다. 둥딩우룽차는 1870년경 푸젠성에서 들여온 차로, 난터우현 산 정상 부근에서 생산된다. 쓴맛과 떫은맛이 거의 없고 깔끔한 맛으로 향이 두드러지는 것이 특징이다. 처음 마실 때는 순간적으로 밍밍한 느낌이 들지만, 이후 입안에서 꽃과 과일 향이 오래도록 지속된다. 사치스러운 시간을 위해 조금은 과감히 투자해도 괜찮은 대만의 브랜드 차다.

130년 이상의 역사를 가진 차 도매상의 유서 깊은 차, 둥딩우룽차. 엄격한 품질 관리하에 엄선된 찻잎은 부드러운 단맛과 과일 향이 특징이다.

몸에 좋으면서도 맛있는 건강차

줴밍차
決明茶

상품명	정펑正逢 줴밍차決明茶
가격	20봉입 60NT$
구입처	취안롄푸리중신全聯福利中心(PX마트)

채식 상품

세상에 몸에 좋은 차는 많이 있지만, 마시기 어려운 차들이 많다. 그런 가운데 이 줴밍차(결명차)는 귀중한 건강차다. 눈의 피로를 완화하고, 콜레스테롤을 낮추고, 배변을 좋게 하고, 두통을 해소하는 등 다양한 효과가 있다고 하는데, 건강차답지 않은 맛이라 정말 효과가 있을까 의심할 만큼 맛있다. 쓴맛이나 강한 향이 없어 식사에 방해가 되지 않는다. 참고로 친구는 3개월 동안 매일 마셨더니 변비가 해소되고 체중이 3kg이나 빠졌다고 한다. 한번 먹어보는 것도 나쁘지 않을 것 같다.

뜨거운 물을 보충하면 하루에 몇 번씩 마실 수 있어 경제적이다.

숯불에 건조한 우롱차

탄 베 이 우 룽

炭焙烏龍

상품명	팡관쯔 Ewkee시례方罐子 Ewkee系列—치중우룽차奇種烏龍茶(오른쪽), 인조이미飲joy-me—치중우룽奇種烏龍(왼쪽)
가격	팡관쯔 Ewkee시례—치중우룽차 30g 460NT$, 인조이미—치중우룽 20팩 150NT$
구입처	타이베이다다오청유지밍차台北大稻埕有記名茶(Wang Tea Lab)

台北市重慶北路2段64巷26號

9:00~18:00(일요일 휴무)

탄베이우룽(탄배우롱) 숯불로 건조한 우롱차를 말하는데, 우롱차의 깔끔한 맛은 그대로 유지하면서 호지차처럼 향긋한 향을 맛볼 수 있다. 특히 100년 이상 이어져 내려온 제법으로 볶은 유기명차의 탄베이우롱차인 치중우룽은 단맛과 향이 입안에서 오래도록 지속되어 누구에게 주어도 "맛있다!"는 반응이 많다. 찻잎은 물론 연구와 개선을 거듭한 티백으로도 그 향을 즐길 수 있다.

찻잎의 경우 처음 두 번은 화려한 차의 향을, 세번째부터는 단맛과 고소한 맛을 느낄 수 있다.

벌레 먹은 찻잎이 만든 최고의 향기

미샹홍차

蜜香紅茶

상품명	미샹홍차관좡蜜香紅茶罐裝
가격	150g 800NT$
구입처	이룽宜龍(EILONG) 타이베이융캉먼스台北永康門市(한국에선 '일롱'이라고 알려져 있다.)

台北市大安區永康街31巷16號

10:00~20:00

대만 하면 우롱차의 이미지가 강하다고 생각한다. 하지만 사실 홍차의 수준도 매우 높아 국제적으로도 높은 평가를 받고 있다. 대표적인 품종으로는 대만 아삼, 훙위紅玉(홍옥), 홍윈紅韻(홍운) 등이 있다. 이들에 비하면 조금 마이너한 편이지만, 꼭 추천하고 싶은 것이 바로 미샹홍차(밀향홍차)다. '미샹蜜香'이라는 말 그대로 꿀향이 나는 희귀한 홍차다. 그 비밀은 바로 벌레. 해충인 매미충에게 즙을 빨린 잎을 차로 만들면 달콤한 향이 나는 것으로 알려져 있다. "어, 벌레?" 라고 놀라지 마시라. 마셔보면 분명 벌레에게 감사하게 될 것이다.

우롱차로 유명한 동방미인차도 미샹홍차처럼 잎의 즙을 매미충이 빨아먹어 과일과 같은 달콤한 향이 난다.

차 속에 담긴 '대만의 꽃과 과일'

타이 완 수이 궈 차
台灣水果茶

상품명 타이완수이궈차台灣水果茶
가격 3팩 1상자 179NT$ 등
구입처 라이하오來好(LAI HAO) 본점
台北市士林區中山北路六段195巷17弄2號1F
10:00~18:00

대만의 특산품인 과일, 차, 허브를 한 번에 맛볼 수 있는 것이 바로 샤오차오쭤小草作(grassphere)의 대만 과일차(수이궈차)다. 보통 과일차라고 하면 말린 과일을 작게 자르거나 소량의 찻잎을 첨가하는 경우가 많은데, 이 시리즈에는 꽃도 함께 들어 있다. 마시면 꽃의 향이 차의 떫은맛과 과일의 신맛, 단맛을 이어주는 듯한 느낌으로 목구멍으로 부드럽게 넘어간다. 뜨거운 것과 아이스 모두 맛있지만, 개인적으로 추천하는 것은 실온의 물에 담가 우려내는 것이다. 재료의 맛과 단맛이 두드러져 대만의 향을 고스란히 느낄 수 있다.

여러 농가를 돌아다니며 엄선한 재료를 사용하고 있다. 맛도 좋을 뿐만 아니라 보기에도 산뜻하고 귀엽다.

맛있게 마실 수 있는 정통 한방차

양성잔캉차바오
養生健康茶包

상품명 양성잔캉차바오시레養生健康茶包系列
르창바오양日常保養
가격 10팩 500NT$부터
구입처 청톈샤야오스푸誠天下葯食舖
台北市大同區迪化街一段212號
월~금요일 9:00~17:30
토요일 9:00~18:00(일요일 휴무)

꾸준히 먹는 것이 중요한 한방차에서 간편함과 맛은 중요한 포인트다. 그런 관점에서 내가 찾아낸 것이 청톈샤야오스푸의 양성잔캉차(양생건강차)다. 30년 이상 한방차를 연구해온 오너가 조제해 정통이 있으면서도 맛있고 간편하게 마실 수 있는 한방차다. 예를 들어 혈액순환 촉진 작용을 하는 차는 대추의 단맛이 적당히 느껴지고, 해독 효과를 기대할 수 있는 차는 국화의 상쾌한 향이 퍼진다. 티백 타입이라 뜨거운 물만 부으면 바로 마실 수 있는 것도 장점이다. '한방차는 마시기 어렵다'에서 '맛있게 마실 수 있는 한방차'로 가장 빠르게 변신을 이룬 차라고 할 수 있다.

원래 한약재 도매상이었던 청톈샤야오스푸는 2018년 리뉴얼을 통해 현대인들이 쉽게 접할 수 있는 상품을 늘렸다.

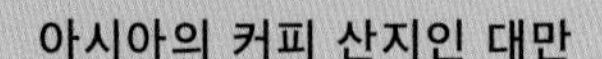

아시아의 커피 산지인 대만

타이완 카페이

台灣咖啡

최근 커피 붐에 따라 인기를 끌고 있는 대만 커피. 대만산 커피 전문점 썬가오사카페이가 그 선구자라고 할 수 있다. 이곳에서는 특별한 방식으로 추출한 맛있는 대만 커피를 마실 수 있을 뿐만 아니라 원두도 구입할 수 있다. 추천 제품은 열 곳의 산지 원두가 한 봉지씩, 고량주로 찐 원두, 오리지널 블렌드 총 열두 봉지가 들어 있는 드립백 세트(오른쪽)이다. 복잡한 지형, 생산지, 원두의 다양한 유전적 특성으로 지역마다 다른 맛을 느낄 수 있는 대만 커피의 매력이 고스란히 담긴 상품이다.

상품명 징핀 난터우주편얼산 카페이더우精品南投九份二山咖啡豆 | 르샤이日曬(왼쪽),
썬가오사징핀 타이완카페이 과얼바오리허森高砂精品台灣咖啡掛耳包禮盒 | 푸유안잉馥郁滿盈(오른쪽)

가격 징핀 난터우주편얼산 카페이더우 | 르샤이 970NT$,
썬가오사징핀 타이완카페이 과얼바오리허 | 푸유안잉 850NT$

구입처 썬가오사카페이森高砂咖啡 다다오청大稻埕 본점

台北市大同區延平北路2段1號

12:00~20:00

내가 특히 좋아하는 원두는 난터우주편얼산南投九份二山(왼쪽)에서 난 것이다. 쓴맛과 떫은맛이 없고 캐러멜 같은 향과 풍미가 있어 버터 쿠키와 잘 어울린다

맥주로 사회를 표현하다

얼스싼하오피주

23號啤酒

상품명	유궈憂國, 유민憂民
가격	각 135NT$
구입처	23 Public l Craft Beer 징냥바精釀吧

◎台北市大安區復興南路2段332號

◷ 월~화요일 16:30~0:00 수, 목, 일요일 12:30~0:00

금~토요일 12: 30~1:00

ABV Bar & Kitchen 각 매장 등에서도 취급

대만 사회의 복잡한 문제를 수제 맥주(피주)로 유머러스하게 표현한 것이 얼스싼하오피주(23호 맥주)의 '유궈憂國(우국)'와 '유민憂民(우민)'이다. 두 단어 모두 나라에 대한 대만 사람들의 마음을 상징하는 단어로, 걱정이 끊이지 않는다는 의미를 담고 있다.

하지만 막상 마셔보면 유궈는 새콤달콤한 패션프루트의 향이 코끝에서 상큼하게 느껴지고, 유민은 오이의 파릇한 향이 맥주의 신맛과 어우러져 상쾌하다. 둘 다 우울한 기분을 날려버릴 수 있는 맛이다. 고민이 있을 때 병의 마개를 따고 다 마실 즈음이면 마음이 조금은 긍정적으로 바뀔 수 있는 그런 맥주다.

재료는 모두 신선한 대만산 식재료를 사용한다. 중산의 Two Three Comedy, 위안산圓山의 23 Music Room 등의 바에서도 취급하고 있다.

고량주를 사용한 새로운 맥주

진먼피주
金門啤酒

상품명 진먼피주金門啤酒Kinmen Beer
가격 350ml 160NT$
구입처 진먼주창金門酒廠 타이베이장서우추
台北展售處(타이베이 판매소)

台北市羅斯福路1段3號
10:00~18:30

고량주의 전통 제조업체인 진먼주창에서 만드는 맥주가 진먼피주이다. 맥주에도 고량주의 원료인 수수가 첨가되어 있다. 고량주 이미지 때문에 독한 맥주를 떠올리는 사람도 있겠지만, 의외로 부드럽고 풍부한 단맛을 느낄 수 있다. 또한 감귤류 홉으로 맛을 조절해 뒷맛이 상큼하고 과일향도 느껴진다. 바다에 비치는 황금빛 노을을 표현한 패키지도 멋스럽다. 반짝반짝 빛나는 진먼다오金門島의 파도치는 바다를 맥주와 함께 마음껏 느껴보자.

베이스가 되는 옅은 색의 맥아에 향이 풍부한 에일 효모와 수수를 첨가해 쓴맛을 줄이고 단맛을 끌어내는 데 성공했다.

생리치의 싱그러움이 톡톡

리즈 사이다

荔枝 CIDER

상품명 피주터우啤酒頭 수이궈궈스치파오주水果果實氣泡酒(Taiwan Head Cider)

가격 330ml 공장 구매 시 120NT$, 미아 세봉 Mia C'bon 등 슈퍼 구매 시 150NT$

구입처 피주터우냥짜오광광주창啤酒頭釀造觀光酒廠

新北市三重區中興北街50號

월~목요일 16:00~20:00

금요일 16:00~21:00(토, 일요일 휴무)

사과를 발효시켜 만든 술이 사이다다. 대만에서는 수제 맥주나 진만큼 많지는 않지만 최근 들어 점점 늘어나는 추세다. 열대과일이 풍부한 대만에서는 사과를 베이스로 망고, 파인애플 등의 과즙을 섞은 사이다가 인기다. 국내에서는 마실 기회가 없는 것이 많아서 여러 가지를 시도해보고 싶어진다. 특히 추천하는 것은 리치 사이다. 뚜껑을 열자마자 리치 향이 톡톡 터지는 듯이 퍼지고 마시면 신선한 과일의 맛과 은은한 효모의 상큼함이 느껴진다. 대만의 과일을 좋아하는 분들에게 꼭 선물로 추천한다!

리치 외에도 망고, 파인애플, 딸기, 포도 등이 들어간다. 모두 설탕을 전혀 사용하지 않아 뒷맛이 깔끔하다.

가다랑어를 사용한 크래프트 진

징냥친주
精釀琴酒

상품명 눙친주-잔위釀琴酒-鰹魚, 투야오차이베이구이위안土窯柴焙桂圓

가격 눙친주-잔위 500ml 850NT$ 200ml 500NT$, 투야오차이베이구이위안 500ml 900NT$ 200ml 500NT$

구입처 윈차이쉬안雲彩軒 중산中山점

台北市中山區南京東路一段31巷2號

9:30~21:00

크래프트(징냥) 진(친주)는 대만에서도 주목받고 있으며, 그중에서 개성을 발산하고 있는 것이 눙정류쒀釀蒸餾所의 대표작 눙친주-잔위이다. 무려 대만산 가다랑어(잔위)를 사용한 진이다. 뚜껑을 열면 대만산 레몬그라스와 고수씨에 이어 훈제된 가다랑어의 향이 난다. 하지만 비린내가 전혀 없고, 스모키하고 깊은 맛의 우디한 향이 난다. 입에 넣으면 상쾌한 뒷맛으로 가다랑어 풍미가 남는다. 위스키와 같은 색감과 달콤한 과일 향이 특징인 투야오차이베이구이위안(土窯柴焙桂圓, 건조 용안 사용)도 추천한다.

대만의 놀라운 식재료와 진의 조합으로 탄생한 신선한 눙친주의 진. 잔위는 2024년 월드 진 어워즈World Gin Awards 금상 수상. 구이위안친주桂圓琴酒는 2024 IWSC 은상 수상.

연이은 수상으로 주목받는 대만 위스키

카이다거란웨이스지

凱達格蘭威士忌

상품명

구냥 단이구우웨이스지

穀釀單一穀物威士忌

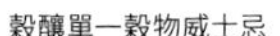

가격 2999NT$

구입처 카이다거란주예구펀유샨궁쓰

凱達格蘭酒業股份有限公司

台北市信義區忠孝東路五段552號9樓

월~금요일 9:00~18:00(토, 일요일 휴무)

대만의 위스키라고 하면 카발란이 유명하지만, 세계적으로 주목받는 위스키(웨이스지)는 많이 있다. 그중에서도 카이다거란凱達格蘭(Ketagalan)주조의 구냥 단이구우(싱글 그레인)웨이스지는 2023년 도쿄 위스키 & 스피리츠 컴피티션TWSC에서 은상을 수상한 경력을 가지고 있다. 뚜껑을 여는 순간 꽃의 향이 은은하게 퍼져나가며, 나중에는 견과류와 곡물의 풍미가 느껴져 바로 다음 한 모금을 마시고 싶어진다. 물이나 탄산수로 희석해서 마셔도 좋지만, 처음엔 꼭 '온더락'으로 마셔보자. 냉각 여과를 하지 않고 병에 담았기 때문에 위스키 본연의 풍부한 맛을 즐길 수 있다.

2023 국제 스피리츠 챌린지 ISC에서 동상을 수상. 화이트 플로럴 향으로 고급스러운 기분을 느낄 수 있다.

수수를 사용한 전통주

가오량주
高粱酒

상품명 룽스진먼가오량주瓏時金門高粱酒
가격 좐훙쥐磚紅盾600ml 58.8도 780NT$,
놘바이우暖白霧 600ml 57.1도 850NT$
구입처 진먼주창金門酒廠, 타이베이장서우추台北展售處(타이베이 판매소)

台北市羅斯福路1段3號
10:00~18:30

수수로 만든 증류주인 가오량주(고량주). 대만에서 오래전부터 마셔온 술로, 새해나 축제 등 사람들이 모일 때 빠질 수 없는 술이다. 고량주의 전통 제조업체인 진먼주창의 가오량주는 천연 샘물을 이용해 만들어 맑은 맛이 매력적이다. 흰색 라벨의 58도, 38도 등은 편의점에서도 판매되는 인기 상품으로, 2024년에 출시된 신제품인 룽스진먼가오량주의 놘바이우暖白霧(왼쪽)와 좐훙쥐磚紅盾(오른쪽)는 모두 10년산 고량주를 블렌딩한 것으로 과일향과 단맛이 특징이다. 도수가 높은 고량주라는 딱딱한 이미지를 뒤집는 맛이다.

놘바이우(왼쪽)는 붉은 수수를 사용한 고량주 10년산과 9년산 고량주를 블렌딩한 술. 좐훙쥐(오른쪽)는 서로 다른 성질을 가진 수수와 10년산 고량주와 햅쌀로 빚은 신주新酒를 블렌딩한 술.

차이관茶藝館, 카페에 이어 바에서 맛보는 대만의 개성

대만 각지에서 유래한 창작 칵테일을 맛볼 수 있는 소쇼 바 & 레스토랑은 대만의 차와 향신료, 과일을 사용한 칵테일 세트가 인기다. 조금씩 마시고 싶은 사람에게 안성맞춤이다(6종 790NT$, 9종 990NT$).

소쇼 바 & 레스토랑

SoShow Bar & Restaurant

대만 칵테일과 창작 요리가 인기 있는 바. 카페처럼 느긋하게 휴식을 취할 수 있다.

◎ 台北市中山區中山北路一段47號2F

⏲ 18:00~1:30(금, 토요일은 2:00까지 영업)

일본어에 능통한 바텐더 자오趙 씨. 교토에서 생활한 경험이 있다.

우롱차와 스모크진, 위스키 칵테일 자이嘉義. 매실과 캐비아를 얹은 가리비.

넓고 편안한 분위기의 내부. 배경음악으로 대만 음악이 흘러나오는 것도 좋다.

보드카, 복숭아, 요구르트, 천도복숭아로 만든 칵테일 타오위안桃園.

제8장

대만이 느껴지는 식탁

따뜻한 대만의 식탁을 연출하는 식기, 그릇, 패브릭

대만 식당의 단골 식기

좐예완판
專業碗盤

상품명 좐예완판專業碗盤
가격 상품에 따라 다름. 루러우판 사발 40NT$ 정도부터
구입처 진성하오金聲號
台北市大同區重慶北1段37號
9:00~18:00(일요일 휴무)

대만의 식당이나 노점에서 사용하는 그릇에는 일정한 규칙이 있다. 먼저 루러우판 사발. 섞어도 흘리지 않도록 가장자리가 한 단 넓게 펴져 있는 것을 사용한다. 크기는 기본적으로 소小와 대大가 있다. 소는 일반 밥그릇보다 조금 작은 정도고, 대는 밥그릇보다 한 사이즈 크다. 소와 대의 중간 사이즈는 지러우판雞肉飯을 담는 그릇으로, 간단한 국수 등을 담기도 한다. 그 외에도 국물용 그릇은 바닥이 깊은 것이 특징이다. 정식용 접시는 반찬과 밥을 함께 담을 수 있도록 테두리가 있다.

그 외에도 더우화를 담는 그릇, 완궈碗粿(쌀가루 푸딩)로 만든 찹쌀떡을 담는 그릇 등이 있다.

대만 노점의 필수품 멜라민 식기

메ˇ이 나ˋ이 완ˇ 판ˊ
美耐碗盤

상품명 메이나이완판美耐碗盤
가격 상품에 따라 다름.
작은 접시 20NT$부터
구입처 자정찬쥐서베이嘉政餐具設備
台北市萬華區環河南路1段181之7號1樓
9:00~18:00(일요일 휴무)

테이블 위에 음식이 어지럽게 놓여 있는 경우가 많은 대만의 식당. 그걸 가능하게 해주는 것이 멜라민 식기다. 떨어뜨려도 깨지지 않고 식기세척기로도 씻을 수 있는 든든한 아이템이면서 자세히 보면 귀여운 것들도 꽤 많다. 서양식 식기에 쓰이는 듯한 무늬가 그려져 있거나 단어가 쓰여 있는 등 마음에 들 만한 식기가 많고 가격과 휴대가 간편하기에 식기류 가게에서 발견하면 대부분 구매하게 된다.

조금 오래된 재고 멜라민도 추천한다. 골동품 가게나 개인 식기점에서 구할 수 있다.

견고함과 아름다움이 공존하는 그릇

타오즈위안싱판완

陶質圓形飯碗

상품명 코가 테이블웨어KOGA TABLEWARE 타오즈위안싱판완陶質圓形飯碗(원형 도자기 밥그릇)

가격 각 480NT$

구입처 신왕지츠新旺集瓷(The Shu's Pottery)

新北市鶯歌區尖山埔路81號

목~일요일 10:00~18:00, 수요일 13:00~18:00(월, 화요일 휴무)

1926년에 설립되어 도자기 기념 박물관 등을 보유한 잉거鶯歌의 전통 도자기 가게인 신왕지츠는 4대에 걸쳐 그 역사를 이어오고 있다. 100년 이상 이어진 전통 제조법을 계승하면서 현대 식탁에 어울리는 디자인으로 2020년 새로운 브랜드 코가 테이블웨어KOGA TABLEWARE가 등장했다. 식탁에 놓으면 심플하면서도 대만의 멋을 느낄 수 있다. 전자레인지나 멀티쿠커에 사용할 수 있어 사용이 편리해 놓칠 수 없는 이유 중 하나다.

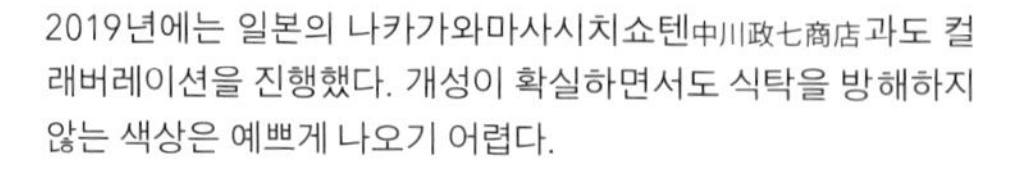

2019년에는 일본의 나카가와마사시치쇼텐中川政七商店과도 컬래버레이션을 진행했다. 개성이 확실하면서도 식탁을 방해하지 않는 색상은 예쁘게 나오기 어렵다.

'어부 그물 가방' 패턴의 접시와 컵

자즈시례

茄芷系列

상품명	자즈시례茄芷系列
가격	자즈-V형 높은 컵 390NT$, 자즈-5.5인치 접시 380NT$
구입처	성훠바이훠生活百貨, 식기 전문점 등

외교부의 진상품으로 선정되기도 하는 정통 도자기 제조업체인 안다야오安達窯. 청자(오른쪽 위 사진)의 아름다운 색조는 종종 '안다 블루'로 표현된다. 도자기의 거리, 잉거 본점을 방문하면 자즈시례의 컵과 접시가 눈에 띈다. 빨강, 파랑, 녹색 줄무늬는 기념품으로 인기 있는 어부 그물 가방(자즈다이茄芷袋)의 무늬를 본떠서 디자인한 것이다. 가방의 메시 느낌이 그대로 전해지도록 도자기에 수작업으로 색을 입혀서 질감을 표현했다. 보기만 해도 기분이 밝아져서 나는 피곤한 날이면 이 접시로 단것을 먹는다.

얼룩이 져도 잘 지워지도록 가공이 되어 있는 점도 좋다. 일식에도 의외로 잘 어울린다.

전통 플라스틱 식기를 도자기로

멘듀타오츠서우창반
免丟陶瓷收藏版

상품명
멘듀타오츠서우창반
免丟陶瓷收藏版

가격 250NT$부터
구입처 안다야오安達窯
잉거 플래그숍鶯歌旗艦店
新北市鶯歌區尖山埔路54號
10:30~18:30

대만 야시장 등에서 흔히 볼 수 있는 비비드한 분홍색의 플라스틱 식기들(133쪽)은 친환경 흐름에 따라 점차 줄어드는 추세인데, 이를 도자기로 남기고자 디자인한 것이 바로 멘듀타오츠서우창반 시리즈다. 질감은 고급스러운 안다야오 도자기 그 자체지만, 간장 종지나 컵 등의 입체적인 세로 줄무늬는 핑크색 플라스틱 식기와 똑같다. 대만 최대의 인포그래픽 디자인 회사인 RE:LAB과의 컬래버레이션으로 정말 아기자기하게 완성되었다. 오븐 사용도 가능한 내구성도 인상적이다!

고궁, 리젠트 타이베이 등을 비롯해 기업 오리지널 제품도 제작하는 안다야오.

귀여운 크기의 한 입 맥주잔

타이 완 피 주 베이
台灣啤酒杯

상품명 타이완피주베이台灣啤酒杯
가격 20NT$부터
구입처 친징라오창쿠秦境老倉庫
台北市大同區保安街49巷11號
11:30~17:30(일요일 휴무)

대만의 선술집이나 식당에서 맥주를 주문하면 나오는 타이완피주베이(맥주잔). 통통한 두께도 귀엽고, 대만을 좋아하는 사람들 사이에서는 친숙한 아이템 중 하나라고 한다. 이 작은 맥주잔의 용량은 143ml이다. 중일전쟁 당시 대만 전역으로 주류 공급이 부족해지자 대만 공영판매국에서 일부러 맥주잔의 크기를 작게 만들었는데 이것이 이 맥주잔의 시작이다. 우리 집에서는 맥주뿐만 아니라 물, 차, 주스도 이 잔으로 마신다. 아이들도 쉽게 잡을 수 있고 깨지지 않는 것도 좋다!

대만 맥주 1병은 이 맥주잔 기준으로 6잔을 마실 수 있는 양이다.

노점 스타일 생과일 주스잔

무궈뉴나이보리베이
木瓜牛奶玻璃杯

상품명 무궈뉴나이보리베이
木瓜牛奶玻璃杯
가격 60NT$
구입처 바오타이항寶泰行
台北市大同區太原路12號
월~토요일 9:30~19:30
일요일 10:30~18:30

직역하면 '파파야 우유 유리잔'이지만, 실제로 수박주스나 용과주스를 담을 때도 사용하는 과일주스 전문 잔이다. 예전에는 노점 주스라고 하면 이 유리잔을 사용하는 가게가 많았으나 지금은 거의 찾아볼 수 없다. 2021년까지 스린士林의 훈단라오반궈즈뎬混蛋老闆果汁店에서 이 유리잔을 사용했지만, 주인이 나이가 들어 은퇴했다. 지금은 시먼西門에 있는 화시제정궈華西街珍果에서 이 잔으로 주스를 마실 수 있다.

측면에 500ml까지 눈금이 새겨져 있는 것이 특징이다. 레트로한 무늬도 귀엽다.

지갑부터 열게 되는 귀여운 스푼

탕츠
湯匙

상품명 탕츠湯匙
가격 1개 50NT$ 내외
구입처 친징라오창쿠秦境老倉庫
台北市大同區保安街49巷11號
11:30~17:30(일요일 휴무)

실제로 사용하는지를 따지자면 사용하지 않는다. 사용감이 좋냐고 묻는다면 그렇지도 않다. 하지만 이런 건 가지고 있으면 마음이 촉촉해지고 보기만 해도 왠지 모르게 기분이 좋아지는 소중한 아이템이다.

국내에서는 좀처럼 구할 기회가 없지만, 탕츠의 나라(?) 대만에서는 쉽게 구할 수 있다. 대만에서는 쉽게 살 수 있는 앤티크 탕츠. 오래된 식기 전문점이나 성훠바이훠에 가보면 거의 만날 수 있다. 복고풍의 꽃무늬, 당나라 문양 등 아기자기한 것들이 가득하다. 50NT$ 정도부터 시작하는 합리적인 가격도 장점이다.

매주 토요일과 일요일 오후 4시부터 열리는 벼룩시장에서도 볼 수 있다.

사랑스러운 핑크 식기류

몐시찬쥐

免洗餐具

상품명	몐시찬쥐免洗餐具
가격	1개당 20NT$ 내외
구입처	각 성훠바이훠生活百貨

대만의 노점, 특히 야시장에서 흔히 볼 수 있는 분홍색 일회용 식기다. 시내에 있는 성훠바이훠에서 구입할 수 있다. 노점에서 흔히 볼 수 있는 것은 접시나 그릇이지만, 사실 탕츠, 국자, 컵, 대접, 타원형 접시 등 종류가 다양하다. 우리 집에서는 요리할 때 미리 계량한 재료를 담아두거나 피크닉 갈 때 사용하는 등 여러모로 유용하게 사용하고 있다. 또한 장난감을 담는 도구로도 인기가 많다. 크기와 모양도 다양하고 톡톡 튀는 핑크색이어서 아이의 텐션도 자연스레 높아진다.

몐시찬쥐를 판매하는 성훠우진生活五金, 성훠바이훠는 시내 곳곳에 많이 있다. 샤오베이바이훠小北百貨, 진싱파성훠바이훠金興発生活百貨 등이 체인으로 운영되고 있다.

안전한 스테인리스스틸

304부슈강
304不鏽鋼

상품명	304부슈강304不鏽鋼
가격	20NT$ 정도부터
구입처	성훠바이훠生活百貨와 대형 마트, 환허난루環河南路의 주방잡화점 등

국가 표준으로 권장하는 게 304나 316이지만 의무는 없다. 하지만 대만 사람들은 확실히 의식적으로 304를 구매한다.

대만의 식문화 중 내가 좋아하는 것은 음식에 적합할 정도로 안전한 스테인리스스틸 종류가 국가 표준으로 정해져 있다는 점이다. 304는 식품 관련 권장 스테인리스스틸 번호로, 해당 제품 어딘가에 '304'라고 적혀 있다. 316은 의료용 스테인리스스틸로 식음료용으로 사용되지만 더 튼튼하게 만들어진 만큼 조금 무겁다는 단점이 있다.
304 중에서도 특히 탕츠(식당용과 같은 스타일)는 입에 넣는 부분과 끝부분이 얇아 추천한다. 푸딩이나 젤리, 아이스크림을 깎아내기 좋은 두께라서 쉽게 떠먹을 수 있다. 탕츠로 아이스크림을 먹는 것에 의아해하는 분에게는 이게 너무 편리해서 우리 집에서는 카레도 디저트도 뭐든지 이 탕츠로 먹는다는 걸 알려드리고 싶다.

대만 상징이 새겨진 도자기

리징야오
立晶窯

상품명	구자오웨이더샤오베이완古早味的小杯碗
가격	150NT$
구입처	타이완리징야오台灣立晶窯

Facebook

新北市鶯歌區明圓街九棟一號

9:00~17:00

※ 공방 방문 시 미리 사전 예약을 해야 한다.

리징야오의 주인 쑤정리蘇正立 씨는 도자기 산업이 발달한 잉거에서 4대째 이어져 내려오는 도예가 집안이다. 리징야오를 오픈할 당시 쑤정리 씨는 도예 작품을 제작해 일본에서도 많은 상을 수상하기도 했다. 어느 날, 일본 기후현 미노美濃시의 인간문화재인 스즈키 오사무鈴木蔵 씨를 만날 기회가 있었는데, 그때 일본에는 각 가마마다 고유한 도자기가 있다는 것을 알게 되었다. 대만으로 돌아온 쑤정리 씨는 대만다움을 표현할 수 있는 도자기가 무엇일까 고민하다가 아버지 쑤허슝蘇和雄 씨가 만든 란커우완藍口碗이라는 푸른색 테두리가 특징인 그릇을 발견하게 된다. 거기에 파인애플, 수박, 물고기, 새우 등 쑤정리 씨가 좋아하는 대만의 상징을 정성스럽게 그려넣어 아기자기하고 정겨운 그릇이 탄생했다. 일본과 대만의 도자기를 섞어 만든 그릇은 사용하기에도 편리하다.

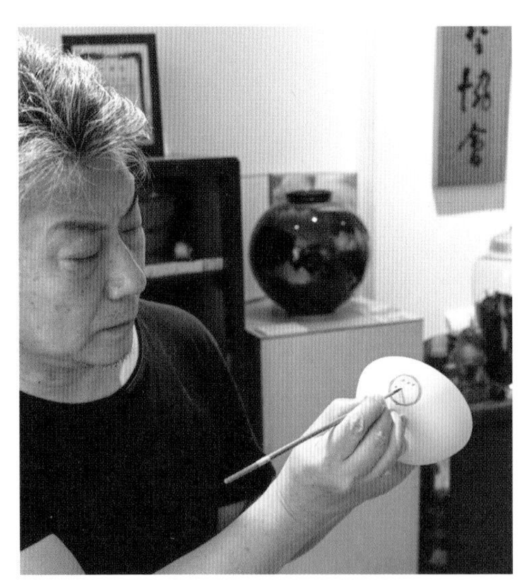

쑤정리 씨는 부모님이 잉거 전통 수채화 도자기를 가르쳐주지 않았다면 이 기술은 사라졌을 거라고 말한다.

언제 어디서나 차를 즐기다

퀴커QUICKER
부바오두샹쯔
布包獨享組

도자기 거리 잉거의 가게 중에서도 특히 멋지고 세련된 다기들이 즐비하다. 차를 즐길 수 있는 카페도 함께 운영되고 있으며, 음식도 맛있다!

대만에서 차를 사가더라도 찻그릇을 준비하고 차를 끓이는 것은 꽤나 번거로운 일이다. 그것은 외국인뿐만 아니라 대만 사람들에게도 마찬가지인 것 같다. 차를 일상에서 좀 더 간편하게 즐길 수 있도록 현대인을 위해 디자인된 것이 바로 이 퀴커다. 컴팩트한 전용 가방에 담긴 다기는 집, 사무실, 여행지 등 어디에서든 휴대가 간편하고 초보자도 쉽게 차를 우려낼 수 있도록 설계되었으며, 40년간의 다기 제조 노하우를 바탕으로 만들어져 차를 맛있게 우려낼 수 있다. 찻주전자 뚜껑과 컵은 겸용이라 준비와 뒷정리의 번거로움도 거의 없다. 둥근 모양과 컬러가 매우 귀여워 책상 위에 놓아두면 업무 중에 보는 것만으로도 잠시나마 휴식을 취할 수 있다.

상품명
퀴커 부바오두샹쯔QUICKER布包獨享組(125ml)
흑색, 밝은회색, 무광백색, 유광남색

가격 1190~1290NT$

구입처 이룽宜龍(EILONG)－잉거먼스鶯歌門市

⊙新北市鶯歌區重慶街62－1號1F
(타이베이 융캉제永康街에도 매장 있음, 111쪽 구입처 참고)

⊙10:00~19:00

대만의 거리 풍경을 담은 테이블웨어

부베이뎬, 부찬뎬
布杯墊, 布餐墊

상품명	부베이뎬布杯墊, 부찬뎬布餐墊
가격	베이뎬(코스터) 120NT$, 찬뎬(식탁매트) 240NT$, 줘치桌旗(식탁러너) 780NT$
구입처	잔잔서우즈減簡手制

台北市迪化街一段14巷27號

11:00~18:00(화, 수요일 휴무)

촬영협조 : K+SPACING

따뜻한 느낌의 패턴에서 북유럽 분위기가 느껴지지만, 자세히 들여다보면 창문을 통해 보이는 양철 지붕, 불규칙하게 튀어나온 창문 등 대만 풍경이 패턴으로 만들어졌다. 이는 디자이너 천陳 씨가 느낀 대만 풍경을 패브릭에 담아낸 것이다. 이 원단으로 만든 코스터와 식탁매트는 식탁에 대만 느낌을 더해준다. 공간은 맛있는 음식, 즐거운 식사와 한 세트이다. 이러한 아이템이 식탁에 놓여 있는 것만으로도 이목을 끌어 화기애애한 분위기를 연출할 수 있다.

브랜드 이름인 '잔잔減簡'은 중국어로 '단순화'라는 뜻이다. 대만의 도시 풍경을 심플한 모양으로 디자인한 세련된 제품을 구입할 수 있다.

의외의 아이템 발견하기

딘타이펑에서도 사용하는 「다퉁타오치大同陶器」

MRT 스린역에서 택시로 20분 거리. 다퉁타오치(대동도기) 창고인 '청타이치예구빈유샹궁쓰(성태기업계빈유한공사)'에서 보물찾기하듯 식기를 고를 수 있다. 타이베이의 주방용품 거리인 환허난루에서 구입하는 것도 추천한다.

환허난루環河南路

'자정찬쥐서베이
嘉政餐具設備'

台北市萬華區環河南路一段181之7號1樓
9:00~18:00(일요일 휴무)

청타이치예구빈유샹궁쓰

鋮泰企業股彬有限公司

台北市士林區延平北路八段157巷20號
10:00~17:00(토, 일요일 휴무)
중국어 전화 예약 필수
+886 02-28101859

다퉁타오치의 백색 식기를 구입하려면 환허난루에 있는 자정찬쥐서베이에 가면 다양한 종류를 만날 수 있다.

조금 번거롭지만, 다퉁타오치의 창고로 직접 가는 것도 방법이다.

창고이기 때문에 에어컨은 없고, 먼지는 있다. 물론 의외의 발견도 있다.

타이베이의 많은 음식점이 모여 있는 주방용품 거리 환허난루

흔치 않은 팬더 패턴의 커피잔. 발이 있는 잔이다.

제9장

편리한 주방 잡화

대만의 지혜가 집결한 독특하고 편리한 주방 용품

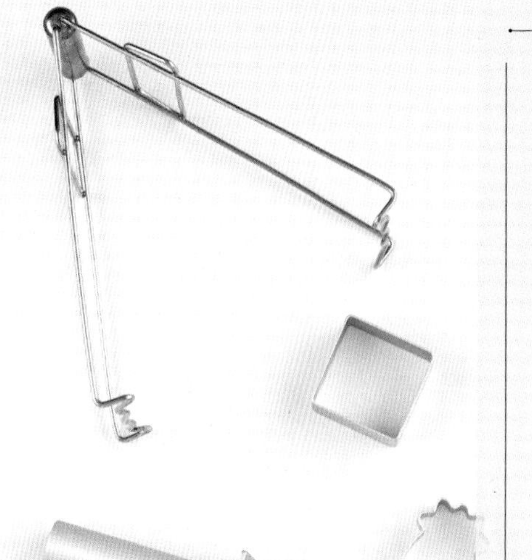

내열과 신선도 유지를 한 번에!

식품용 비닐봉지

상품명	먀오제나이러다이妙潔耐熱袋, 먀오제PE바오샨다이·중妙潔PE保鮮袋·中
가격	나이러다이(내열봉지) 20x25cm 140봉 38NT$, PE바오샨다이(PE위생봉지)·중 22x28cm 60봉 49NT$
구입처	각 마트 등

외식 문화가 발달한 대만은 어느 가게에서나 테이크아웃을 할 수 있다. 테이크아웃을 할 때 뚜껑이 달린 종이컵, 뚜껑이 일체형인 도시락, 튀긴 음식의 수증기를 배출할 수 있는 종이 상자 등 포장 용기가 다양하다. 그중에서도 가장 독특한 것은 비닐봉지에 직접 담는 스타일이다. 입구를 포장용 리본으로 묶어 들고 다니기 쉽게 만들어 건네준다. "위생적으로 괜찮을까?"라고 생각하는 사람도 있겠지만, 이 비닐봉지는 식품용으로 만들어졌기 때문에 내열성, 신선도 유지 등에 대해 안심해도 된다. 냉장고에 넣어도 될 만큼 넓지 않고 무엇이 들어 있는지 한눈에 알 수 있다. 가정에서도 친숙한 아이템이다.

이 비닐봉지에 반찬을 넣고 145쪽에 소개된 포장용 리본으로 밀봉한다. 채소도 과일도 PE위생봉지에 넣으면 눈에 띄게 오래 보관할 수 있다.

집게보다 더 편리한 포장 리본

방티취안
邦提圈

상품명	방티취안邦提圈
가격	1봉 약 50g 40NT$ 정도
구입처	각 성훠바이훠生活百貨, 다룬파大潤發 등

비닐봉지에 음식을 넣고 단단히 묶을 때 사용하는 방티취안. 야시장이나 포장마차에서 테이크아웃을 해본 적이 있는 사람이라면 한 번쯤은 접해봤을 그 포장용 리본이다. 매번 점원들이 빠르게 묶는 걸 보고 '나는 할 수 없을 거야'라고 포기하고 있었는데, 배워보니 정말 간단하다. 진작에 사용할걸 그랬다는 후회가 멈추지 않는다. 봉지 입구에 끼우지 못할 수 있는 집게보다 사용 범위가 넓고 부피가 작아 콤팩트하게 수납할 수 있어 좋다. 무엇을 넣어도 대만스러워지는, 조금은 재미있는 아이템이기도 하다.

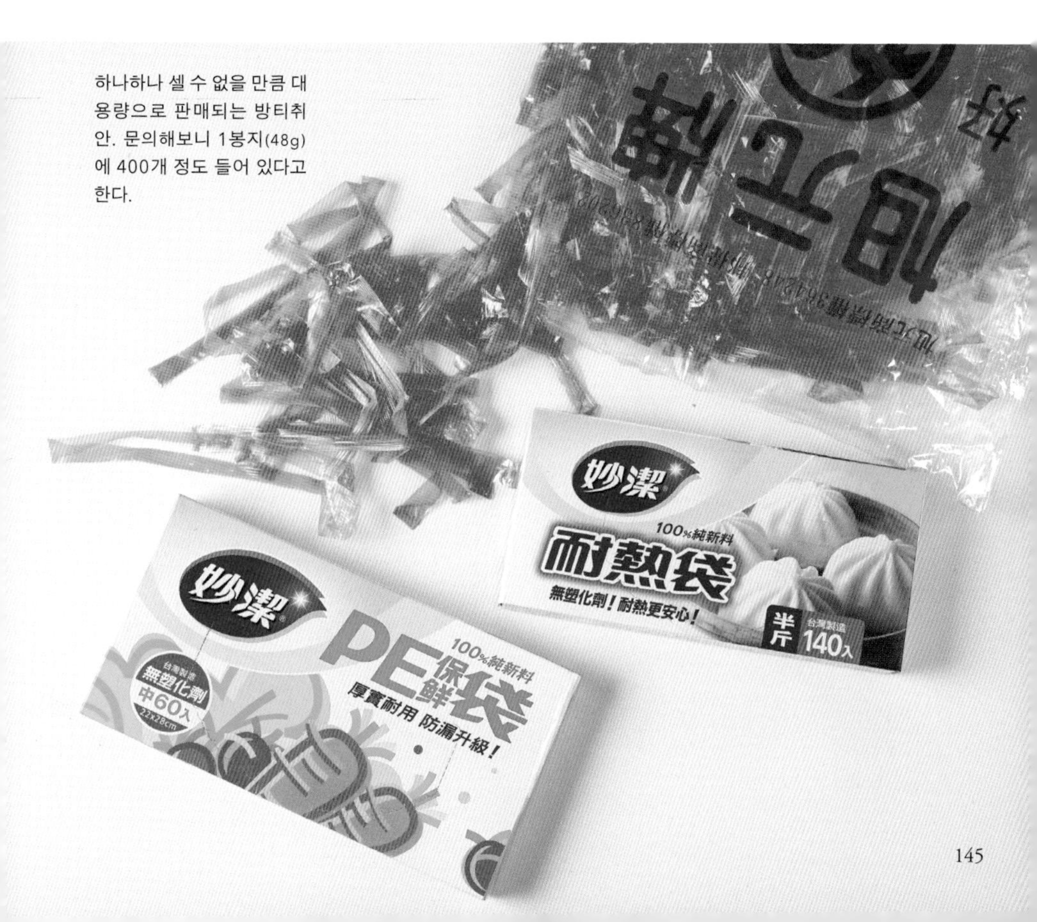

하나하나 셀 수 없을 만큼 대용량으로 판매되는 방티취안. 문의해보니 1봉지(48g)에 400개 정도 들어 있다고 한다.

귀엽고 아기자기한 펑리쑤 틀

펑리쑤무쥐

鳳梨酥模具

상품명 펑리쑤무쥐鳳梨酥模具

가격 1개 20NT$ 등

구입처 성훠지핀훙베이치쥐좐마이뎬生活集品烘焙器具專賣店(생활 베이킹 도구 전문점)

台北市大同區太原路139號

9:30~18:00

베이킹을 좋아하는 분들에게 꼭 추천하고 싶은 것이 펑리쑤 틀이다. 본고장 대만에서는 사각형 외에도 다양한 모양의 틀을 구입할 수 있다. 특히 귀여운 것은 파인애플 모양이다. 이 틀로 구운 펑리쑤는 통통하고 맛있게 보인다.

대만의 베이킹 도구 전문점에서는 직접 만든 펑리쑤를 포장할 수 있는 봉투도 판매한다. 봉투도 꽤나 본격적이다. 가게에서 파는 것과 거의 비슷하다. 이것도 종류가 다양하니 마음에 드는 것을 찾아보길.

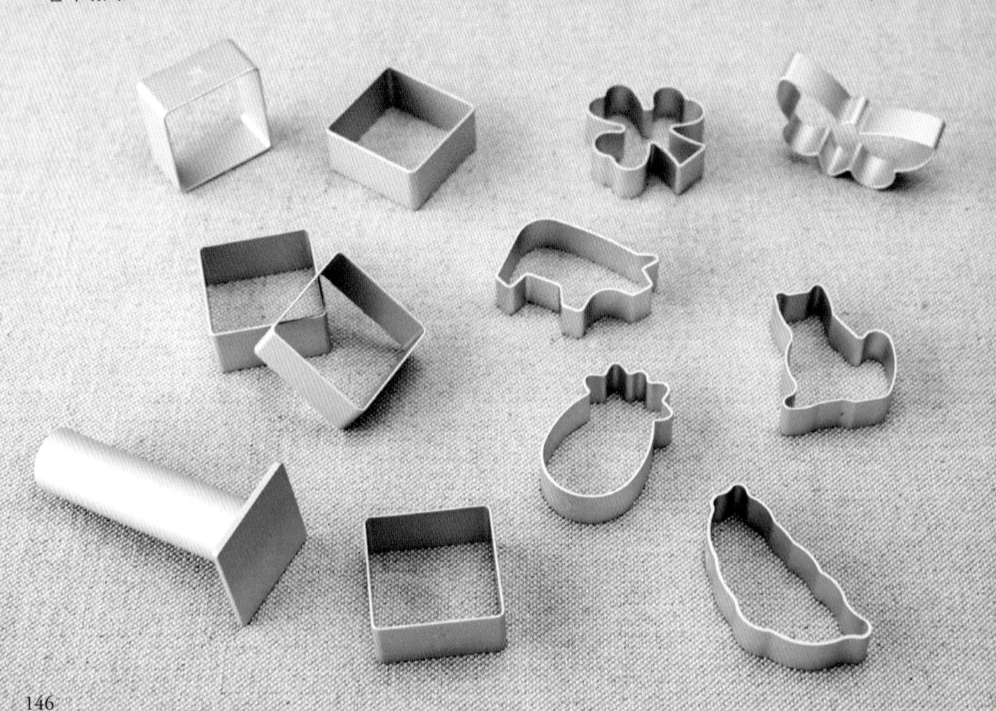

펑리쑤 틀은 쿠키 커터나 작은 무스 틀로도 사용할 수 있다.

대만 주방 필수품, 냄비집게

티판치

提盤器

상품명	티판치提盤器
가격	70NT$ 정도
구입처	생활용품점, 대형 마트 등

냄비집게, 아니 접시집게라고 해야 할까? 찜 요리를 할 때 필수품으로, 음식을 찜통이나 프라이팬에서 꺼내어 식탁으로 옮길 때 편리하다. 평소에 찜 요리를 할 때 음식이나 접시를 꺼내기 쉽지 않아 답답했던 기억이 있다. 대만에 온 후 이 티판치 덕분에 찜 요리를 할 수 있는 기회가 훨씬 많아졌다. 고기, 채소, 생선 모두 건강하게 먹을 수 있으니 얼마나 좋은지 모른다. 도미 술찜과 같은 큰 접시도, 달걀찜과 같은 작은 그릇도 모두 잘 잡아서 꺼낼 수 있다.

대만에서는 흔히 사용하는 물건이라 생활용품점이나 대형마트에 가면 꼭 구비되어 있다.

만두를 맛있게 빚을 수 있는 비법

샨츠

餡匙

상품명	샨츠餡匙
가격	1자루 25NT$ 등
구입처	자정찬쥐서베이嘉政餐具設備

台北市萬華區環河南路一段181之7號1樓

9:00~18:00(일요일 휴무)

집에서 완탕이나 만두를 빚을 때 유용한 것이 바로 이 샨츠다. 소를 피 위에 얹을 때 사용하는 숟가락 같은 역할을 한다. 왠지 일반 숟가락으로 대체할 수 있을 것 같지만 이 숟가락을 사용하면 속도와 완성도가 다르다. 특히 소를 가급적 적게 넣고 얇게 펴서 싸는 것이 완탕을 맛있게 만드는 비법이다. 샨츠는 이를 도와주는 역할을 한다. 그 밖에 본래의 용도와는 다르지만, 나는 숟가락에 붙은 양념이나 재료를 떼어낼 때에도 사용하고 있다. 손잡이가 있어 잡기 편해서 추천한다.

스테인리스스틸 소재도 있지만, 사용하기 편한 것은 목재다. 단 곰팡이가 생기지 않도록 습기에 주의해야 한다.

너무 귀여운 대만의 중화과자 틀

가오 뎬 무 쥐
糕點模具

상품명 홍구이궈무쥐紅龜粿模具
가격 500NT$
구입처 가오잔퉁뎬高建桶店
台北市大同區迪化街一段204號
9:00~19:00

월병, 뤼더우가오綠豆糕(녹두떡), 홍구이궈紅龜粿(붉은 거북이 모양의 떡) 등 중화권 과자에 사용되는 틀이 바로 가오뎬무쥐다. 플라스틱 틀, 기계로 파낸 틀도 있지만, 손으로 조각한 것은 역시 질감이 다르다.

예전에 오키나와에서 류큐 요리를 가르치는 여성과 이야기를 나눌 기회가 있었다. 그의 말로는, 오키나와의 류큐 과자 틀은 만드는 사람도 없고, 지금은 전혀 생산되지 않는다. 그래서 비슷한 대만의 중화과자 틀을 구입해 사용하고 있다고 했다. 대만에서도 생활 습관과 식생활 변화에 따라 기계 생산이 주류가 되어 수작업으로 조각한 틀이 점차 줄어들고 있다고 한다. 발견하면 꼭 구해보고 싶을 정도로 귀한 물건이다.

수작업으로 조각한 따뜻한 느낌의 틀과 다루기 편한 플라스틱으로 만든 틀을 구분해서 사용하고 있다.

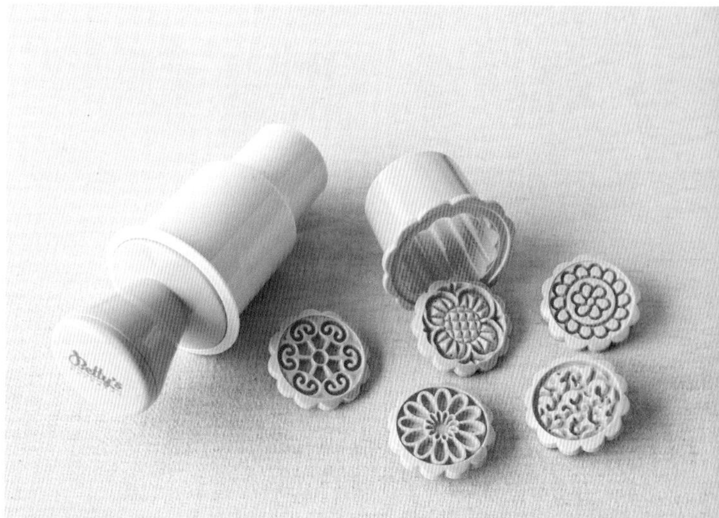

대만 젓가락과 믹서기 모양의 통

콰이쯔, 궈즈주룽
筷子, 果汁箸籠

상품명	콰이쯔筷子, 궈즈주룽果汁箸籠
가격	콰이쯔(젓가락) 10벌 120NT$ 등, 궈즈주룽(믹서기 모양 젓가락 꽂이) 약 27cm 100NT$ 등
구입처	성훠바이훠生活百貨 등

왜 믹서기 모양일까? 궁금해서 가게나 공장에 문의해봤지만, 그 유래는 알 수 없었다. 지인에게 '이게 믹서기 모양이었어?' 라는 반응이 돌아왔다.

대만의 젓가락(콰이쯔)은 끝이 그다지 가늘지 않은 것이 특징이다. 길이도 길어 다소 무겁게 느껴지지만, 국수를 먹을 때에는 더 사용하기 편한 것 같다. 재질은 스테인리스스틸이나 플라스틱이 주를 이룬다. 식당에서는 주황색이나 초록색 등 화려한 색상의 제품도 많이 볼 수 있다.

이 대만 젓가락은 믹서기 모양 젓가락 꽂이가 있으면 딱 알맞게 보관할 수 있다. 대만을 좋아하는 사람이라면 그냥 지나칠 수 없을 만큼 귀엽다. 야시장이나 포장마차에서 사용되는 아이템이지만 대형 성훠바이훠에서 구입할 수 있다. 한번 구경해보시라.

한 가정에 한 개는 당연! 대만 채칼

차이 춰
菜銼

상품명	차이춰菜銼
가격	1개 40NT$ 정도
구입처	각 성훠바이훠生活百貨

오키나와 요리로 유명한 '당근 시리시리'를 만드는 채칼을 '시리시리기'라고 하는데, 사실 오키나와와 가까운 대만에서는 차이춰라고 불리며 일상에서 사용되고 있다. 나무나 스테인리스스틸 등 다양한 종류가 있지만, 추천하는 것은 강렬한 색상의 플라스틱 제품이다. 가볍고 소형, 중형, 대형 등 다양한 사이즈가 있어 주방 환경과 용도에 맞게 선택할 수 있다. 성훠바이훠에 가면 꼭 있는 아이템이지만, 가게마다 제조한 곳이 다르다. 손잡이 부분에 신비한 갑옷 마크가 그려져 있는 것은 대만산이고, '톈마天馬'라고 적혀 있는 것은 중국산이다.

차이춰는 무를 다량으로 채 썰 때 빼놓을 수 없는 도구다.

가장 이상적인 노점 아이템

간장통과 조미료 용기

상품명	간장병
가격	1개 40NT$ 정도
구입처	각 성훠바이훠生活百貨

오랫동안 이상적인 간장통을 찾고 있었다. 손에 착 감기고 간장이 흘러내리지 않아 사용하기 편하고, 놓아두기만 해도 멋스러운 간장통 말이다. 그러던 어느 날, 여느 때처럼 노점에서 단빙을 먹다가 발견했다. 많은 사람이 사용해도 깨지지 않는 이 간장병의 매력에 푹 빠졌다. 매일 손에 쥐고 있었지만 그 무심함이야말로 사용하기 편하다는 증거였다.
그 후 우리 집에서 활약하고 있는 40NT$짜리 간장통을 보고 친구들은 모두 '촌스럽다'고 말하지만, 이보다 더 사용하기 편한 간장통을 찾기가 쉽지 않다.

성훠바이훠 간장통 외에도 고추소스통과 이쑤시개통도 판매하고 있다. 노점 스타일링을 즐겨보자.

국자도 주걱도 되는 편리한 도구!

다탕츠
大湯匙

상품명	다탕츠大湯匙
가격	40NT$부터
구입처	각 성훠바이훠生活百貨 및 대형 마트

냄비에는 국자, 국은 숟가락, 반찬에는 젓가락 등 음식에 따라 사용하는 도구가 달라지는 것이 일반적이라고 생각하지만 대만은 다르다. 국물, 반찬, 볶음밥을 구분하지 않고 모두 이 큰 숟가락 다탕츠로 먹는다. 국자로는 너무 얕고 숟가락으로는 너무 깊지만, 용도가 제한적이지 않아 생각하기에 따라서 편리하다. 때로는 이것으로 볶음요리도 할 수 있는 아주 엉뚱하고 기발한 도구다. 다탕츠는 '큰 국물용 숟가락'이란 뜻이다. 용도가 너무 많아 보이는 대로 부르는 수밖에 없을지도 모르겠다.

성훠바이훠 등에는 다양한 종류의 다탕츠가 있다. 역시 304 스테인리스스틸(134~135쪽)의 심플한 제품을 추천한다.

무엇이든 말끔히 빨 수 있는 기적의 비누

난 차오 수이 징 페이 짜오

南僑水晶肥皂

상품명	난차오南僑 수이징페이 짜오水晶肥皂
가격	600g 150NT$
구입처	취안롄푸리중신 全聯福利中心(PX마트)

요리할 때 옷에 묻은 조미료 등을 말끔히 씻어주는 세탁용 비누, 난차오 수이징페이짜오(수정비누)는 그 쓰임새가 다양하다. 약 20년 전 한 TV 프로그램에서 당시 60세의 난차오 사장이 수영복 차림으로 전신에 윤기 나는 피부를 자랑하며 "얼굴도 몸도 이것으로 씻고 있다"고 발언한 이후, 세안용으로 사용하는 사람이 급증했다. 20대 정도의 피부가 깨끗한 사람에게 세안 아이템을 물어보면 꽤 높은 확률로 난차오 수이징페이짜오라는 대답이 돌아온다. 비누 한 개가 일반 비누보다 두 배 이상 크고 세 개가 한 세트다. 얼굴에 사용하든 안 하든 간에 가성비는 확실히 좋다.

세안을 하면 확실히 세안 후 당김이 전혀 없다. 세정력이 강한 비누로 얼굴이나 몸을 씻는 것은 좋지 않다는 이야기도 있으니, 자신의 피부 타입을 고려해 시도해보기 바란다.

제10장

대만에서 사온 재료로 만드는 요리

식재료를 다 써버릴 수 있는 정통 대만 요리 레시피

대만식 돼지고기 간장조림 덮밥

루러우판

魯肉飯

이제는 국내에서도 친숙한 메뉴인 루러우판. 본고장의
조미료를 사용하면 더욱 깊고 본격적인 맛을 느낄 수 있다

44쪽 헤이더우장유, 46쪽 장유가오, 49쪽 우추, 50쪽 샹유,
54쪽 우샹펀, 90쪽 쏸터우쑤, 유충쑤 사용

재료 (만들기 쉬운 분량)

- 통 삼겹살 ―― 300g
- 생강 ―― 3장 (얇게 썬 것)
- 통 삼겹살 삶은 국물 ―― 2컵 미만
- 홍고추 ―― 1개
- 샹유 ―― 2큰술
- 쌀소주 ―― 4큰술 (없으면 술)
- 단무지 ―― 적정량

A
- 헤이더우장유 ―― 4큰술
- 장유가오 ―― 2큰술
- 우추 ―― 1큰술
- 얼음설탕 ―― 1큰술 (또는 알갱이 설탕)
- 치킨스톡 ―― 1작은술
- 계피 ―― 1/2작은술
- 우샹펀 ―― 1/2작은술
- 백후추 ―― 1/4작은술
- 쏸터우쑤 ―― 1작은술
- 유충쑤 ―― 2큰술

만드는 방법

1. 통 삼겹살은 잘 익도록 2cm 정도 간격으로 칼집을 넣는다.
2. 냄비에 물을 끓인 후 ①을 넣고 10분 정도 익힌다. 그다음 꺼내 물에 담근다. 끓인 물은 나중에 사용하므로 버리지 않는다.
3. ②의 삼겹살을 젓가락보다 조금 굵게 자른다.
4. 프라이팬에 참기름을 중불로 달군 후, ③을 넣고 볶다가 얇게 썬 생강, 홍고추, 쌀소주를 넣고 알코올을 날려준다.
5. ④를 뚝배기에 옮겨 담고 ②의 삶은 국물과 Ⓐ를 넣어 끓인 후 뚜껑을 덮는다. 약불에서 고기가 푹 익을 때까지 1시간 이상 끓인다. 밥에 얹고 단무지를 곁들여 완성한다.

POINT

⑤에서 끓인 국물이 졸아들면 물을 적당히 더 넣는다.

가자미 포부쯔 찜

포부쯔정쉐위

破布子蒸鱈魚

44쪽 헤이더우장유, 50쪽 샹유, 52쪽 포부쯔 사용

식당이나 가정에서 자주 먹는 반찬이다. 포부쯔의 짭짤하고 달콤한 맛에 밥이 술술 넘어간다.

재료 (2인분)

가자미(필레) — 200g
쌀소주(없으면 술) — 1큰술
파 — 5g
고추 — 적당량
생강 — 15g
포부쯔 열매 — 25g
포부쯔 물 — 1.5큰술
헤이더우장유 — 1/2큰술
알갱이 설탕 — 1자밤

만드는 방법

1. 가자미에 쌀소주를 부어 10분 정도 재워둔다. 그사이에 파, 고추를 채 썰어 물에 담가 둔다. 생강도 채 썬다.

2. 생선에서 나온 물기와 쌀소주를 키친타월로 깨끗이 닦아낸 후 접시에 담는다. ❶의 생강채, 포부쯔 열매, 포부쯔 물, 헤이더우장유, 알갱이 설탕을 뿌려 김이 오른 찜통이나 프라이팬에 15분 정도 쪄낸다.

3. ❶의 파, 고추의 수분을 제거한 후 ❷에 얹어 완성.

POINT

파나 생강은 조금 굵게 썰어도 괜찮다.

말린 홍합과 돼지 허벅짓살 죽

단차이간서우러우저우

淡菜乾瘦肉粥

말린 홍합의 육수를 듬뿍 머금은 쌀이 맛있는 죽이다.
생강 향이 상큼하다.

61쪽 단차이간 사용

재료 (2인분)

- 단차이간 — 30g
- 식용유 — 2작은술
- 생강 — 7g
  (2cm 정도 길이로 자른 것)
- 쌀 — 80g
  (씻어서 30분~1시간 정도 물에 담갔다가 체에 밭쳐 물기를 뺀 것)
- 물 — 4컵
- 돼지 허벅짓살 덩어리 — 100g

A
- 쌀소주 — 1작은술
- 감자전분 — 1/2작은술
- 소금 — 1자밤
- 백후추 — 적당량

B
- 치킨스톡 — 2/3작은술
- 소금 — 1/2작은술
- 백후추 — 1/6작은술
- 파(잘게 썬 것) — 적당량

만드는 방법

1. 단차이간은 깨끗이 씻어 반나절 정도 물에 담가 두었다가 3등분으로 잘라둔다.
2. 돼지 허벅짓살 덩어리를 잘게 썰어 A와 함께 10분 정도 숙성시킨 후 삶아 체에 밭쳐둔다.
3. 프라이팬에 기름을 두르고 중불에서 1과 생강을 향이 날 때까지 볶는다.
4. 냄비에 쌀과 물을 넣고, 중불에 올린다. 냄비 바닥에 쌀이 눌어붙지 않도록 끓기 전에 고무주걱 등으로 바닥을 긁어낸다.
5. 끓어오르면 약불로 줄이고 3을 넣고 뚜껑을 비껴 덮어 약불에서 30~40분간 끓인다.
6. 2와 B를 넣고 섞은 뒤 뚜껑을 덮고 약불에서 5분간 끓인다. 5를 담은 그릇에 얹고 그 위에 잘게 썬 파를 뿌린다.

POINT

백후추를 넣으면 더욱 대만다운 맛을 낼 수 있다.

대만식 더우푸루 닭가슴살 튀김

더우푸루샨쑤지

豆腐乳鹹酥雞

44쪽 헤이더우장유, 53쪽 더우푸루, 56쪽 디과펀 사용

대만 조미료를 이용해 야시장 명물인 닭튀김을 만들어보자. 바질튀김과 잘 어울린다.

재료 (2~3인분)

닭가슴살 —— 300g
디과펀 —— 적당량
바질잎 —— 적정량
튀김기름 —— 적정량

Ⓐ
더우푸루 —— 30g
헤이더우장유 —— 2작은술
쌀소주 —— 1작은술
다진 마늘 —— 1/4작은술
백후추 —— 1/4작은술

만드는 방법

1. 닭가슴살은 한입 크기로 잘라낸다.
2. 비닐봉지에 ①과 Ⓐ를 넣고 잘 비벼서 냉장고에서 2시간 정도 숙성시킨다.
3. ②에 디과펀을 잘 묻힌다.
4. 180도 기름에 바질을 튀긴 후 꺼내고 나서 ③을 넣고 바삭해질 때까지 튀긴다. 바질과 함께 접시에 담는다.

MEMO

꼬치에 꽂아 먹는 것이 대만식이다.

소고기 간장맛 국물 국수

훙사오뉴러우멘

紅燒牛肉麵

대만을 대표하는 면요리 중 하나가 뉴러우멘이다. 듬뿍 들어간 부드러운 소고기와 향신료가 들어간 국물이 잘 어울린다.

44쪽 헤이더우장유, 48쪽 천녠더우반장, 54쪽 우샹펀, 55쪽 루바오, 72쪽 관먀오멘(라멘) 사용

재료 (2인분)

뉴러우탕

- Ⓐ
  - 소 정강잇살 덩어리 — 600g
  - 국물용 닭뼈 1마리분 — 300g
- Ⓑ
  - 물 — 2L
  - 얇게 썬 생강 — 5장
  - 파 — 1/4개
  - 루바오 — 1봉지
- Ⓒ
  - 통마늘 — 20g
  - 생강 — 3장 (얇게 썬 것)
- 관먀오멘(라멘) — 2개
- Ⓓ
  - 천녠더우반장 — 1큰술
  - 두반장 — 2작은술
- Ⓔ
  - 헤이더우장유 — 4큰술
  - 쌀소주 — 2큰술
  - 알갱이 설탕 — 1큰술
  - 우샹펀 — 1/4작은술
  - 계피 — 1/2작은술
  - 치킨스톡 — 약간
  - 소금 — 약간
- 청경채 — 1개

만드는 방법

1. 먼저 뉴러우탕을 만든다. 뜨거운 물에 Ⓐ를 충분히 삶은 뒤 찬물에 잘 씻는다.
2. 큰 냄비에 ①과 Ⓑ를 넣고 불에 올리고 끓으면 뚜껑을 덮고 약불에서 40분간 끓인다. 끓인 국물은 버리지 않는다.
3. ②에서 소 정강잇살 고기를 꺼내 주방용 가위 등으로 5센티미터 크기로 자른다.
4. 프라이팬에 식용유 1.5큰술(분량 외)을 두르고 ③을 볶다가 Ⓓ를 넣고 섞어가며 볶는다.
5. 압력솥에 ④와 ②의 육수 1.2L, Ⓒ와 Ⓔ의 조미료를 넣고 압력이 가해지면 약불로 줄여 20분간 가열한다. 압력이 빠지고 고기가 부드러워지면 뉴러우탕이 완성된다.
6. 물을 넉넉히 붓고 청경채를 삶는다. 관먀오멘도 삶아 물기를 빼고 그릇에 담고 ⑤의 소고기 육수를 붓고 청경채를 곁들여 낸다.

POINT

Ⓐ의 닭뼈를 돼지뼈로 바꾸면 더욱 진한 맛을 느낄 수 있다.

대만식 배추조림

바이차이루

白菜滷

대만 식당의 단골 반찬인 바이차이루. 말린 재료들의 향이 좋고, 쫀득쫀득한 식감이 입안 가득히 퍼지는 맛이 일품이다.

44쪽 헤이더우장유, 60쪽 볜위간, 62쪽 샤미, 63쪽 헤이무얼 사용

재료 (만들기 쉬운 분량)

배추 ——— 400g
(한입 크기로 자른 것)
말린 표고버섯 ——— 7g
(물에 불려 잘게 썬 것.
우려낸 물은 따로 보관)
말린 헤이무얼 ——— 3g
(물에 불려 잘게 썬 것)
샤미 ——— 7g
벤위간(부순 것) ——— 5g
달걀(풀어둔 것) ——— 1개 분량
당근 ——— 30g
(껍질을 벗겨 3mm 두께로
반달 모양으로 자른 것)
생강 ——— 2장
(얇게 썬 것)
식용유 ——— 2큰술
튀김기름 ——— 적정량
말린 표고버섯 우려낸 물+물
——— 1컵

A
- 헤이더우장유 ——— 1큰술
- 소금 ——— 1/2작은술
- 쌀소주 ——— 1큰술
- 알갱이 설탕 ——— 1작은술
- 백후추 ——— 1/6작은술

만드는 방법

1. 샤미는 살짝 씻어 소량의 물에 담가둔다. 벤위간은 물에 가볍게 씻는다.
2. 160도 기름에 달걀을 풀어 넣어 튀긴다. 떠오르면 꺼낸 후 식으면 적당한 크기로 자른다.
3. 팬에 식용유를 두르고 중불로 달군 뒤 벤위간을 노릇노릇해질 때까지 볶다가 샤미, 말린 표고버섯을 넣고 향이 날 때까지 볶는다.
4. 배추의 흰 부분을 넣고 더 볶는다. 전체적으로 기름이 돌면 배추의 녹색 부분, 말린 헤이무얼, 당근, 얇게 썬 생강을 넣고 말린 표고버섯을 우려낸 물+물 1컵을 붓고 뚜껑을 덮어놓는다. 끓으면 약불에서 30분 정도 끓인다.
5. 뚜껑을 열어 2와 A를 넣고 약한 불에서 수분이 1/3 정도 줄어들 때까지 끓인다.

MEMO

바이차이루는 튀긴 달걀이 고기 대신 사용되기 때문에 시루러우西魯肉라고도 불린다.

원추리 꽃과 돼지갈비 국물

진전파이구탕

金針排骨湯

64쪽 진전화 사용

원추리 꽃으로 만든 요리 중 가장 흔한 것이 바로 이 국물요리다. 부드러운 맛이라 어떤 요리에도 잘 어울린다.

재료 (2인분)

진전화 —— 20g
돼지갈비 —— 200g
생강 —— 3장
(얇게 썬 것)
소금 —— 2/3작은술
치킨스톡 —— 1/2작은술
쌀소주 —— 2작은술
물 —— 700ml

만드는 방법

1. 진전화는 잘 씻은 후에 20분 정도 물에 담가둔다.
2. 돼지갈비는 뜨거운 물에 3분 정도 삶고 물로 씻는다.
3. 냄비에 ②와 물을 넣고 끓인 후 얇게 썬 생강을 넣고 끓어오르면 뚜껑을 덮고 중약불에서 25분간 끓인다.
4. ①을 넣고 5분 정도 끓인 후 소금, 치킨스톡, 쌀소주를 넣는다.
5. 가볍게 끓여 알코올을 날린다. 고수가 있다면 곁들여도 좋다.

POINT

진전화는 너무 오래 끓이면 부서지기 쉬우니 주의하자.

굴을 넣고 부드럽게 삶은 소면

오아몐셴

蚵仔麵線

타이완샤오츠台湾小吃**(대만의 전통 간식)의 대표격이라고 할 수 있는 것이 바로 이 오아몐셴이다. 가다랑어포(가쓰오부시) 육수를 베이스로 하여 외국인들도 쉽게 먹을 수 있는 맛이다.**

44쪽 헤이더우장유, 46쪽 장유가오, 49쪽 우추, 50쪽 샹유,
56쪽 디과펀, 73쪽 훙몐셴(반건조), 90쪽 유충쑤 사용

재료 (4인분)

- 홍멘션(반건조) — 90g
- 물 — 6컵
- 삶은 죽순(얇게 썬 것) — 70g
- 가다랑어포(가쓰오부시) — 7g
- 유충쑤 — 2큰술
- 굴 — 100g
- 디과펀 — 2큰술
- 고추기름 — 적정량
- 고수 — 적당량

Ⓐ
- 치킨스톡 — 1큰술
- 알갱이 설탕 — 1/4큰술
- 헤이더우장유 — 2/3작은술
- 소금 — 1/2작은술
- 백후추 — 1/4작은술

Ⓑ
- 감자전분 — 3큰술
- 물 — 60ml

간장 양념 재료

- 장유가오 — 3큰술
- 샹유 — 1/2작은술
- 사차장沙茶醬 — 1/2작은술
  (땅콩, 새우 등으로 만든 사테 소스)
- 우추 — 1작은술
- 다진 마늘 — 1작은술

만드는 방법

1. 큰 냄비에 물을 붓고 끓으면 삶은 죽순, 유충쑤, 가다랑어포(가쓰오부시)를 넣는다.
2. 훙멘션을 넣고 3분 정도 끓이다가 Ⓐ를 넣고 섞는다.
3. 불을 끄고 Ⓑ를 조금씩 넣어 섞은 뒤 가열해 걸쭉하게 만든다.
4. 굴은 잘 씻고(크면 반으로 자른다), 디과펀을 묻힌 후 삶아서 채반에 건져낸다.
5. 간장 양념 재료를 섞는다.
6. 그릇에 ③을 담고 ④를 얹은 후 고수를 곁들인다. 간장 양념과 고추기름을 뿌려 먹는다.

MEMO

면은 젓가락이 아닌 탕츠로 먹는다.

흰 목이버섯와 연꽃 열매 수프

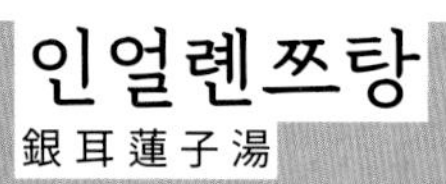

인얼렌쯔탕
銀耳蓮子湯

63쪽 인얼, 66쪽 롄쯔 사용

디저트 토핑으로 많이 쓰이는 인얼(흰 목이버섯)과 연꽃 열매. 함께 끓이면 피부미용에 효과적인 달콤한 수프가 된다.

재료 (2인분)

재료	분량
인얼	15g
말린 롄쯔	40g
얼음설탕 (없으면 알갱이 설탕)	40g
구기자	10g
물	3컵

만드는 방법

1. 인얼은 깨끗이 씻어 30분 정도 물에 담갔다가 딱딱한 부분을 잘라내고 한입 크기로 잘게 찢는다.
2. 말린 롄쯔도 살짝 씻어서 30분 정도 물에 담갔다가 심이 있으면 빼낸다(요즘 시판되는 롄쯔에는 심이 없는 경우가 많다).
3. 냄비에 ①과 물을 넣고 불에 올린다. 끓어오르면 뚜껑을 비껴 덮고 약불에서 20분 정도 끓인다.
4. ③에 ②를 넣고 끓어오르면 같은 방법으로 뚜껑을 비껴 덮고 약불에서 30분 정도 끓인다.
5. 얼음설탕과 구기자를 넣고 얼음설탕이 녹을 때까지 약불에서 5분 정도 끓이면 완성이다.

MEMO

인얼은 딱딱한 부분을 제거한 제품을 사용한다.

달콤한 땅콩 수프

화성탕
花生湯

66쪽 보피성화성 사용

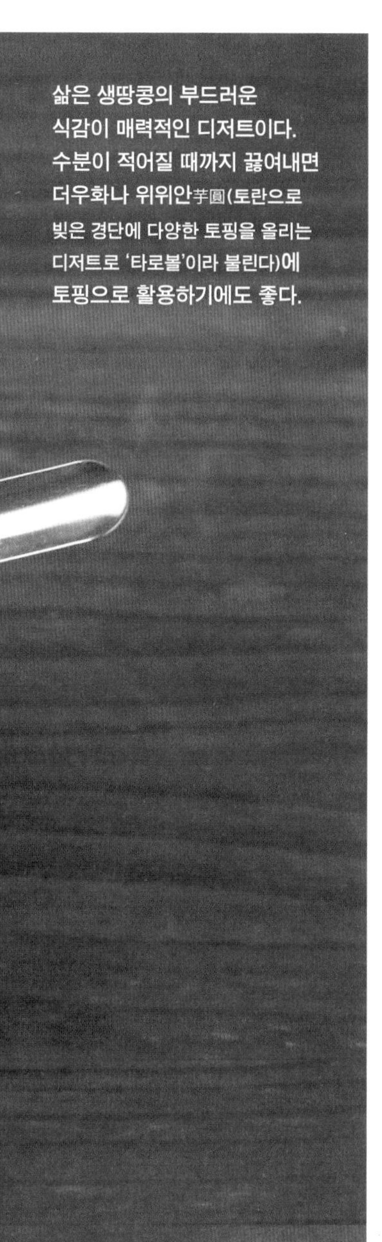

삶은 생땅콩의 부드러운 식감이 매력적인 디저트이다. 수분이 적어질 때까지 끓여내면 더우화나 위위안芋圓(토란으로 빚은 경단에 다양한 토핑을 올리는 디저트로 '타로볼'이라 불린다)에 토핑으로 활용하기에도 좋다.

재료 (2인분)

보피성화성 ——— 150g
물 ——— 2컵
알갱이 설탕 ——— 35g

만드는 방법

1. 보피성화성은 물로 깨끗이 씻고 채반에 담아 남은 물기를 뺀다. 비닐봉지에 담아 냉동실에서 반나절 동안 얼린다.
2. 압력솥에 ①과 물을 넣고 압력이 가해지면 약불로 50분간 가열해 찐다.
3. 압력이 낮아지면 알갱이 설탕을 넣고 가볍게 섞은 후 그대로 식힌다.

POINT

냉동 보관하면 섬유질이 끊어져 부드러워지는 효과를 볼 수 있다.

닝멍아이위빙
檸檬愛玉冰

67쪽 아이위쯔 사용

대만에 자생하는 무화과속 식물에서 나오는 펙틴으로 만든 젤리를 아이위빙愛玉冰이라고 한다. 레몬과 얼음을 넣은 시럽에 띄우면 여름 디저트 닝멍(레몬)아이위빙이 완성된다.

재료 (2인분)

아이위쯔	15g
레몬	1개
얼음물	350ml
미네랄워터	700ml
황설탕	100g
물	80ml

도구

면포 1개

만드는 방법

1. 아이위쯔를 함께 제공되는 면포에 담아 꼭꼭 싸서 보관한다.
2. 냄비에 물을 넣고 끓여서 황설탕을 넣고 녹인 후 그대로 식힌다.
3. 볼에 미네랄워터를 붓고 ❶을 담근 후 5분 정도 물속에서 씻어내듯 주물러 펙틴이 나오도록 한다. 너무 세게 주무르면 거품이 날 수 있으니 너무 급히 하지 않도록 한다.
4. 40분 정도 그대로 두면 굳는다.
5. 레몬을 껍질째 얇게 슬라이스하고 ❷의 시럽에 얼음물을 넣는다.
6. ❹가 굳으면 칼로 적당한 크기로 잘라 그릇에 담고 ❺의 시럽을 뿌린 후 레몬 슬라이스를 얹어 완성한다.

POINT

레몬을 넣은 후 시간이 지나면 수분이 빠져나가므로 가급적 빨리 먹는 것이 좋다.

바질 향이 나는, 뼈 있는 닭고기볶음

싼베이지
三杯雞

간장, 참기름, 미주를 한 컵씩 총 세 컵(싼베이)을 넣어 조리하기 때문에 싼베이지라고 불린다. 요리 이름에 그런 유래가 있지만, 실제 배합은 다양하다. 바질과 검은 참기름의 향이 맛을 좌우한다.

44쪽 헤이더우장유, 50쪽 마유 사용

재료 (2인분)

토막낸 닭고기 — 600g
생강 — 40g
마늘 — 3쪽
마유 — 2큰술
바질 — 20g
새눈고추 — 2개
쌀소주 — 3큰술
헤이더우장유 — 2큰술
알갱이 설탕 — 2/3큰술

만드는 방법

1. 생강은 껍질째 얇게 썬다. 마늘은 껍질을 벗겨둔다. 바질은 줄기에서 잎을 떼어낸다.
2. 프라이팬에 마유를 두르고 생강을 볶는다. 갈색이 될 때까지 천천히 볶다가 마늘을 넣고 향이 날 때까지 볶는다.
3. 토막낸 닭고기를 넣고 색이 변할 때까지 볶다가 쌀소주와 헤이더우장유를 넣는다.
4. 뒤섞어가며 볶다가 새눈고추와 알갱이 설탕을 넣고 물(분량 외)을 재료의 절반 정도까지 붓는다.
5. 강불로 끓기 시작하면 중불로 낮춰 국물이 1/3 정도 졸아들 때까지 끓인다.
6. 바질을 넣고 국물이 1/4로 줄어들 때까지 끓여주면 완성.

POINT

대만의 요리술은 쌀 증류주인 미주이다. 쌀소주와 거의 같지만, 쌀소주가 있으면 쌀소주를 사용하는 것이 이상적이다. 없다면 사케도 좋다.

기억해두자!

대만식 단위와 판매 표기

대만 여행 중 쇼핑을 하다보면 낯선 단위를 보게 될 때가 있다. “도대체 얼마야?” 하는 의문이 들 수 있는데, 이럴 때 아래 내용을 참고해보자.

1

1台斤(타이진) = **600g**
‘斤(진)**’이라고 표기하기도 함.**

2

1公斤(궁진) = **1kg**

3

1公克(궁커) = **1g**

4

1份(펀fen) = **1인분**

5

1包(바오) = **1봉지**

6

1盆(펀pen) = **1접시**

7

1粒(리), **1顆**(커) = **1알**

8

每(메이) = **~마다**

9

1兩(량) = **150g**

세일 표기

買一送一 (마이이쑹이)

하나 사면 하나 더 증정(2개 사면 반값! 즉, 원 플러스 원이다.)

○折 (저)

○×10%의 가격으로 구입할 수 있음. 예를 들어 七折는 7×10%의 가격으로 구매할 수 있다는 뜻으로 30% 할인되다는 뜻이다.

滿○送△ (만○쑹△)

○NT$어치 구매 시 △NT$ 할인

알아두면 좋다!

냉장제품을 가져가는 방법

기념품 중에는 냉장보관이 필요한 물건도 의외로 많다. 어떻게 보면 상온 보관이 가능할 것 같은 말린 과일도 사실은 냉장보관해야 한다. 여행 전에 알아두면 좋은 냉장품 휴대에 관한 정보를 정리했다.

보냉제를 챙겨오자!

대만에서는 기본적으로 보냉제를 판매하지 않는다. 필요하다면 가져오는 것이 좋다. 단, 액체류로 취급되기 때문에 100ml를 초과하는 양은 기내 반입이 불가능하다.

순간 냉각제는 No

순간 냉각제는 산화성물질이기에 기내 반입으로도 위탁 수하물로도 가져올 수 없다.

편의점 얼음은 사용 가능

보냉제가 없다면 편의점에서 음료용 얼음을 팔고 있으니 겉에 생기는 물방울만 처리를 잘하면 사용할 수 있다. 보냉백이나 스티로폼 박스에 제품과 함께 넣으면 좀 더 신선하게 가져올 수 있다. 다만 얼음은 기내 반입 가능한 액체류 및 냉장제품 규정에 위반될 수 있기에 위탁수하물로 보낼 때 추천한다.

온도 유지는 위탁수하물로

기내 반입을 하면 로비와 기내의 온도 변화가 심하기 때문에 일정한 온도를 유지할 수 있는 위탁수하물을 추천한다.

스티로폼을 활용하자

보냉백보다 스티로폼 박스를 가져가는 것이 좋다. 보냉력이 높은 데다 가벼운 것도 장점이다. 부피가 커 보이지만 박스 안에 짐을 넣으면 공간을 많이 차지하지 않는다.

건식품은 마지막 날에 구입

말린 과일 등 건식품은 마지막 날에 사서 집에 돌아오자마자 냉장고에 넣는다면 상온에 보관해도 괜찮다.

나오며

대만에서 5년째 살고 있는 내가 진심으로 '맛있다'고 느끼고 여러 번 구매하고 있는 상품들의 매력을 전하고자 이 책의 집필을 시작한 것은 두 달 전이다.
그런데 미식의 나라 대만이라 집필을 하면서 새롭고 맛있는 것들을 만나게 되었다. 그런 것들도 최대한 담다보니 처음 계획보다 20개 정도의 상품이 더 추가됐다.
품목이 늘어난 만큼 시간도 많이 걸렸지만, 맛을 되새기며 글을 쓰는 작업은 식도락가로서 매우 행복한 일이다.
이 책을 집필하는 과정에서 많은 제조사, 매장 담당자, 점주 들의 도움을 받았다. 다들 바쁘신 와중에도 친절하게 응해주셔서 내가 대만에 사는 큰 이유 중 하나인 '사람의 따뜻함'을 다시 한번 느낄 수 있었다. 감사한 마음을 가득 느꼈다.
제작을 함께 해주신 다쓰미출판의 모치즈키 구미코 씨, 디자인의 퓨테 씨, 사진작가 고미와카코 씨, 어시스턴트 여러분께도 진심으로 감사드린다.

대만 현지 쇼핑 대백과

1판1쇄 펴냄 2025년 3월 26일

지은이 오가와 지에코
옮긴이 김정원

펴낸이 김경태
편집 조현주 홍경화 강가연
디자인 박정영 김재현
마케팅 유진선 강주영 정보경
ISBN 979-11-94374-24-4 13590
펴낸곳 (주)출판사 클
출판등록 2012년 1월 5일 제311-2012-02호
주소 03385 서울시 은평구 연서로26길 25-6
전화 070-4176-4680
팩스 02-354-4680
이메일 bookkl@bookkl.com

撮影 五味稚子
STAFF
装丁・本文デザイン 瀬戸冬実 (futte)
校正 鷗来堂
アシスタント 陳美保、草野由恵
企画編集 望月久美子

잘못된 책은 바꾸어드립니다.

출판사 클의 책을
만나보세요.